ANXIETY at WORK

工作焦慮

這個世代的上班族七成心裡都有病，解決壓力與倦怠的8個方法

艾德里安・高斯蒂克
Adrian Gostick

切斯特・艾爾頓
Chester Elton

曾琳之——譯

高寶書版集團

目錄

CONTENTS

第一章

員工的鴨子綜合症：打造良性的工作環境

能夠生存的，不是最強壯或最聰明的物種，而是那些對變化有最強適應力的物種。

——原文來自查爾斯．達爾文（Charles Darwin），由李昂．梅格森（Leon Megginson）釋義

二〇二〇年初，我們在亞利桑那州的斯科茨代爾（Scottsdale），正準備向一家製造公司的管理團隊發表演說。我們原本被排定為一整天活動的最後一場節目，但主辦方不斷將我們要開始演說的時間提前。他們想早點結束這天的活動，因為有關新冠狀病毒傳播的新聞，正快速蔓延開來。

與會者幾乎不可能專注於活動的內容，因為每個人都一直在查看手機、追蹤最新消息以及回覆親人所發送的訊息。這家公司的工廠員工詢問他們是否該回家。在幾天之內，洗手液和衛生紙就會莫名其妙地從貨架上消失，而幾週之內，成千上萬的人都會生病。

在宴會廳的後方，我們擠在演說的簡報前瘋狂地將簡報內容改得更符合現實狀況。我們原先被邀請分享的主題是文化和員工投入程度，這些素材似乎不再那麼重要了。我們決定將演說內容改為日益嚴重的職場焦慮問題，這是我們一直在進行的研究，在邁入一個充滿強烈不確定性時期的時候，處理這個問題將變得更加緊迫。可以清楚預見的是，COVID-19的爆發將會導致許多工作消失，而那些保住職位的人將會承受巨大的壓力。我們即將向與會者展示的數據顯示，在COVID-19之前，工作中的焦慮程度就一直在穩定增加，如今我們預測情況將會變得更嚴重。

當我們踏上講台時，至少有一半的聽眾都把頭埋在手機裡，但是，到我們一個小時的演說快要結束時，所有人都非常投入於討論當時發生在他們員工身上的真實問題。這些領導者明白，他們需要更深入了解焦慮的本質與如何最有效地幫助團隊成員處理焦慮。

那天晚上在機場，我們用幸運搶到的 Clorox 濕紙巾擦了座位後，聊到了主管在員工的生活中的重要程度。在為本書做研究時，很慶幸有許多領導者向我們分享他們深刻的洞察、如何幫助身陷焦慮的員工。我們注意到，如果在這次疫情大流行之前，焦慮的程度就已經一直在上升，我們不敢想像接下來情況會變怎樣。

問題越來越嚴重

我們關注日益嚴重的職場焦慮問題，以及為主管提供實際且有效的策略，已經有一段時間了。會開始研究和編寫這本書，是因為聽到了我們合作過的大多數公司的領導者對這個問題都感到越來越沮喪和困惑。研究也顯示，在疫情大流行之前，他們就已經有充分的理由為此感到擔憂。二〇一八年的一項調查顯示，在所有年齡層中，34%的員工在參與調查前每一個月至少有感到一次焦慮，有18%的人曾被診斷出患有焦慮症。儘管焦慮對經濟有著重大的影響，但在這些人的公司，這個問題卻很少被討論到。

哈佛醫學院的研究顯示，在職的焦慮會「危害員工的職業生涯和公司生產力」。焦慮會導致員工犯更多錯、職業倦怠、職場衝突、請更多病假與員工的健康狀況不佳。你擔心嗎？我們也很擔心。工作中的擔憂、壓力和由此所產生的焦慮，會導致員工注意力不集中和退縮，工作時的能力下降，並拒絕團隊成員或主管試圖提供的幫助。

我們很快地說明一下，人們有時會交替使用「擔憂」（worry）、「壓力」（stress）和「焦慮」（anxiety）這三個詞彙。雖然它們可能同時發生，但它們是不同的。「擔憂」是一種心理過程，在這過程中是重複的、牽腸掛肚的想法，通常會專注於某項特定的主題，例如失業或是擔心你是否會生病。「壓力」則是面對變化時的生理反應，身體的反應會出現在身體、心理或情緒上。「焦慮」和身體跟心理都有關，嚴重的話可能被診斷為患有「心理疾病」（mental disorder）。焦慮會和壓力、恐懼與擔憂結合，影響一個人的生活。

在談到焦慮時，有兩種可能性。第一種，是把焦慮當成壓力和擔憂所導致的症狀。第二種，是把焦慮視為可被診斷的疾病。沒錯，跟你想像的一樣，越來越加劇的擔憂、壓力和焦慮，對公司組織來說所費不貲。在美國，預估每年因為職場焦慮而導致生產力下降、犯錯和醫療保健開銷等方面的費用為四百億美元，而因為壓力而導致的花費預估超過三千億美元。在巴黎的經濟合作暨發展組織（Organization for Economic Co-operation and Development）對此的評估結果更嚴峻，預估在歐洲，因為心理健康問題導致的費用每年超過六千億歐元，而焦慮是最常見的問題。

雖然這個問題在年長的員工身上比較嚴重，但是千禧世代和Z世代也受到特別嚴重的影響。根據二〇一九年在《哈佛商業評論》（Harvard Business Review）上發表的一項研究，有超過一半以上的千禧世代跟75%的Z世代表示，他們曾經因為心理健康因素而辭掉某份工作。在我們的諮詢工作中也發現，主管最關心的問題之一，就是該如何激勵年輕員工。一場由艾德里安主導，參加者都是企業高階主管的工作營特別探討了這項議題。在問答的環節，每一個參與者提出的問題都跟年輕員工有關，特別多的是，關於年輕團隊成員難以承擔因工作任務的截止日期所導致的壓力。有一位領導者總結了他們普遍關心的問題：「我們該如何幫助年輕的員工，讓他們可以用更好的方式處理壓力？畢竟我們總不能不交代工作吧。」

這個問題的很大一部分，是關於員工的焦慮，這可能是對於職場威脅過度放大，且對一個人承擔能力過於低估的表現。（職場威脅的範圍包括從像是「我能融入團體嗎？」這類個人問題，到有可能影響公司穩定性的組織問題。）國際會計師事務所普華永道（Pricewaterhouse Coopers）是美國最大的應屆畢業生雇主之一，人資長麥可．芬隆（Michael Fenlon）表示，隨著Z世代現正湧入勞工市場，這波焦慮的年輕人也正準備踏入他的公司。

我們發現，大多數的年輕人都想要和別人討論他們在工作中的焦慮。一位二十多歲的員工在接受訪問時表示：「我們這個世代一直在和彼此談論焦慮。」確實，他們認為害怕談論問題是不可能解決問題的。然而，在二〇一九年一項針對一千名患有焦慮症的受僱成年人進行的調查中，有90%的人認為，不該將自己的狀況告訴老闆。這太令人傷心了。

疫情的大流行給我們的深刻體悟，是我們的世界正受到不穩定性與持續性威脅的影響，這些威脅似乎無所不在，不僅會擾亂一家公司，還會擾亂整個經濟體系。

這股影響讓焦慮程度提升到我們以前從未見過的程度。根據美國普查局（U.S. Census Bureau）統計至二〇二〇年5月，在美國不分年齡層的人，超過30%都曾有過焦慮症的症狀，在二十幾歲的族群中高達42%。

萊尼．曼東卡（Lenny Mendonca）是一位著名的企業家與公職人員，他在二〇二〇年因為心理健康因素而辭去工作。他說，「我所面對的，是在美國每三個人中就有一個人正面臨的挑戰：憂鬱和焦慮。」

曼東卡曾任加州州長葛文．紐森（Gavin Newsom）的首席經濟和商業顧問，也是半月灣釀酒廠的所有者，該公司聘請了大約四百位員工。他還曾任麥肯錫公司的高階主管，也是史丹佛商學研究所的講師。換句話說，他是一個推動事情的人，也是一個有影響力的人。

他解釋說，朋友好心地建議他不要公開他的診斷結果，暗示這會終結他的職業生涯。「雖然我尊重他們的建議，但還是斷然拒絕了。我總是會提到我因為在山上騎自行車所受的傷，以及左腿裡面的金屬板，就像是我的榮譽徽章一樣。為什麼我要隱瞞我身體最重要器官——大腦——的類似傷害？大腦同時也是最脆弱且我們最未知的。我有心理健康問題，這代表什麼？這說明了我是人類。」

曼東卡分享他的經歷，因為他認為，在業界和公開資訊中，有太少人願意「討論心理健康、為工作的專業表現去污名化，並且避免這件事對一個人的職涯發展與我們的整體經濟造成衝擊。討論這項議已是太遲且緊迫的。」

在職場大多數人選擇掩飾

曼東卡也承認，「我擁有的高階主管資歷，可以降低說出這件事情可能會對我的職涯所造成的傷害。大多數因為這些問題而受苦的人沒有這樣的特權。」曼東卡是對的。雖然這已經很普遍，但是員工就是不會公開討論他們在工作上的焦慮。最大的挑戰，是許多焦慮的人必須掩飾自己的焦慮，這也讓幫助員工變得困難重重，而結果往往很糟。

以我們在二〇一九年遇到的一位大有可為的員工為例。

克蘿伊是大多數公司都搶著要的那種員工：聰明且有風度、熟悉科技產品且學習速度極快。她以近乎完美的學業平均成績（GPA）從大學畢業，但是她承認自己要很辛苦才能跟上課業的進度。她會一大早就起床，換取在上課前有多一些讀書的時間，然後幾乎每天晚上都難以入眠，通常都只睡幾個小時。有時她會因為承受這些總總壓力而感到焦慮襲來，但是她會微笑著繼續前進，因為，她說，「這就是該做的事情。」暗地裡，她想知道，為什麼其他人看起來都泰然自若，她卻需要這麼多的努力。

畢業後，克蘿伊的所有辛苦付出都獲得回報，她在西雅圖的一家投資銀行找到一份好工作，她從家鄉橫跨整個美國、搬到了西雅圖，她也很快就讓老闆和同事留下好印象，他們認為克蘿伊大有可為。

表面上，克蘿伊確實散發出自信。但在內心深處，她覺得自己格格不入。她開始質疑自己。她在銀行的年輕同輩似乎比她更有經驗，他們很多人畢業於更知名的學校，他們會聊到他們驚人的實習經歷，他們似乎也獲得更多的賞識。「每天早上，公司都會寄 Email 給所有人，跟大家分享某個人的工作成果，」克蘿伊回想到。「人資這樣做是出於善意，但是這對我就像是嘲諷。我四周的每個人都很聰明、做很酷的事情，我也想表現得像他們一樣突出。」

更糟的是，從社交媒體上的貼文判斷，她在故鄉的朋友似乎都比她快樂得多。他們去參加派對和音樂會，和家人一起玩樂、放鬆，並且享受生活。至於她每天都工作到天黑以後，然後回到她的公寓，精疲力竭。她甚至沒有時間養一隻貓。

克蘿伊鼓起勇氣，告訴她的主管，她覺得有點不知所措。主管的反應是：「啊，這裡的狀況就是這樣，你做得很好，盡量不要給自己壓力。」但是，克蘿伊繼續讓自己沈溺在這種感覺裡，因為情況就是如此。但是很快地，每天晚上克蘿伊開始會對第二天感到恐懼。週日晚上絕對是最糟的，那時她會有全面性恐慌要發作的徵兆。沒多久後，她變得幾乎無法下床。她在工作時，會開始瀏覽研究所的網站。她夢想著去旅行，也許她應該休息一年去當背包客，去像是尼泊爾之類的地方。

儘管她付出許多心力，在工作上也表現良好，但是某一天，克蘿伊實在是太累了。她突然消失「人間蒸發」（ghosting）。她沒有去上班，也沒有打電話請病假。她的老闆傳了一封訊息問她人在哪裡，她沒有理會。克蘿伊再也沒有回去過，甚至再也沒有和她的主管或公司的其他人聯繫過。一顆明日之星就這樣失去光芒。

從她的主管的角度來看，可以想見這個狀況很令人沮喪。克蘿伊沒有表現出任何明顯需要特別關照的徵兆，對嗎？她的主管怎麼可能發現她要逃跑呢？你將會看到，有時候最微小的線索都可能有很深的意義。克蘿伊承認她不知所措，她希望自己的主管可以展現出對此關心態度。但是當她的主管對她的問題置之不理，解決這個問題的可能性就被關閉了。克蘿伊以「說出自己不知如何是好」的方式來試試水溫，然後發現到討論工作上的焦慮並不安全。

史丹佛大學的鴨子

雖然克蘿伊很快就發生職業倦怠的狀況，但是有許多人是多年來都在跟強烈的情緒對抗，並且變得善於隱藏這些跡象。雖然在新聞媒體上可以看到許多針對焦慮程度越來越嚴重的報導，但是在職場上，對焦慮的恥辱感仍然很強烈。大多數人都不願意跟任何人討論他們正在經歷的問題，除了親密的家人跟朋友之外，甚至很多人連對親近的人都無法開口。

當然，和別人聊到工作量過重是很常見的事：你能想像他們要求我做多少工作嗎？但是，**工作量超過負荷與焦慮程度超過負荷，是兩件不同的事情。**要揭露你的工作導致你焦慮，這仍然是很大的禁忌，在那些員工會擔心工作不保的職場環境中更是如此。有些人告訴我們，說出心理健康的問題，可能會影響他們在工作上的發展機會，其他人則擔心被邊緣化，或是被其他人輕視。

我們訪問的一位千禧世代解釋道：「如果我流鼻涕然後請病假，沒有人會對此有異議，他們會希望我待在家。但是如果我承認，自己因為心理健康而需要請一天心理健康病假，我將會有無窮無盡的困擾。不用了，謝謝。」

雖然在《健康保險隱私及責任法案》（HIPAA）的時代，主管不該打探員工的心理或身體健康狀態，但還是該詢問員工的狀況是否都還好，並以團隊成員在碰到個人狀況相關的任何問題時，對於找老闆討論都能感到自在做為目標。

然而，我們訪談的大多數領導者，都有一種誤解。由於他們大多想不起來最近一次員工跟他們討論焦慮或憂鬱的問題是什麼時候的事情，所以他們就假定他們的團隊不用擔心這方面的問題。他們還會與我們爭論說，他們和員工的溝通管道都很開放，而且員工都會與他們溝通其他方面的問題。這些也許都沒錯，但是，當談到心理健康時，溝通的管道是封閉的。每四個焦慮的人之中，只有一人曾與自己的主管討論過這個問題。其他人呢？其他人則是將自己的焦慮隱藏起來，而且很多人是從學生時期就習慣這麼做。

「鴨子綜合症」（the duck syndrome）這個詞來自史丹佛大學，他們發現這所高壓大學的學生與其他學校的許多學生，都在偽裝自己，他們努力地表現出從容，裝作毫不費力就跟上所有的課業目標，就像是鴨子看起來優雅地在池塘水面上划行。但是如果打破表面往水面下看，這些優雅、平穩划行的鴨子，水面下的雙腳是拚了命地踢水，就像這些學生，其實是用盡全力，才讓自己不要往下沉。在工作的團體中，許多看似表現良好的人，實際上，卻是處在隨時會溺水的狀態。幾乎我們碰到的每位領導者，都可以回想起某一個有價值的員工，因為壓力和焦慮變得太嚴重而再也無法工作。其中一位領導者用非常憂慮的語氣說：「我看著我所碰過最聰明的員工，在我的面前慢慢崩潰。」

搞失蹤、人間蒸發的情況變得越來越普遍。今日美國（*USA Today*）日報針對企業組織的一項調查發現，多達一半的應徵者或是員工，都曾對雇主展現某種符合即將搞失蹤的徵兆，例如放棄面試或是曠職。一位主管分享說，回想起來，她錯判了某位員工所展現的徵兆，這位員工某天就突然不來上班了，在這之前，他對同事越來越不耐煩、工作效率下降，且請病假的狀況增加。

焦慮的症狀有時候很微小，就算是家人或是最親近的人也不一定會注意到。HR Leaders 的聯合創始人兼 Podcast 主持人克里斯・雷尼（Chris Rainey）的狀況就是如此。雷尼告訴我們，他從孩提時代就感到高度的焦慮，但是他對所有人都隱瞞了這一點。「我從事銷售的工作，身處在一種高壓、華爾街之狼的文化中。焦慮感會越來越大，有那麼幾天，甚至幾週，我會無法離開我家。我想走出大門，但是焦慮就會發作。我很擔心：他們會不會不讓我升職？他們會不會認為我在說謊？這個外向的人每天都在講電話，竟然會焦慮嗎？是的。」

雷尼已經結婚十幾年了，他甚至無法向妻子坦承這件事。「如果有派對，我就會為自己無法出席找理由。我在一大群人之中會感到焦慮與不知所措。我擔心我會在派對上焦慮發作，這是一個惡性的循環，你對自己的焦慮感到焦慮。」最後，就在一年前，雷尼在他的 Podcast 訪問一位來賓——聯合利華的學習長提姆．蒙登（Tim Munden）。提姆談到心理健康狀態和他自己的創傷後壓力症候群（PTSD）。「我覺得自己像個偽君子，」雷尼說。「提姆展現他的脆弱，分享他的挑戰。我決定第一次談論我的症狀。那非常可怕。我知道我的妻子會聽到，我的員工、我的共同創辦人還有和我一起長大的那些人，都會聽到。但那是我生命中最突破性的時刻之一，那股重擔從我的肩上卸了下來，令人難以置信。」

雷尼說，他生活中的每個人都團結起來支持著他，現在，他擁有了他一直需要的支持網絡。「我可以對我的妻子或我的團隊說，我需要休息，我感到不知所措、焦慮。他們的反應就是：當然，沒問題。」

這位執行長現在對他的團隊中是否有需要休息的人非常敏銳，例如有人可能需要休心理健康假，或是有人需要其他人幫忙分攤工作。他關心這些可能在水面下拚命划水的人，「有時候，在內心承受煎熬的往往是那些最有自信、最外向的人，這很難說，」他接著說，「他們每一天、每一分鐘所耗損的心理能量可能很大。我現在可以有更多時間花在我的家人跟我的團隊上。我在工作上更快樂，也更有效率。」

不幸的是，有太多的員工就像雷尼幾十年來那樣，保持沉默，同時擔心自己遲早會早死。這樣說並不誇張，一項史丹佛商學研究所和哈佛商學院教授所共同做的研究顯示，職場壓力和焦慮可能是導致每年超過十二萬人死亡的因素。簡而言之，在思考如何緩解焦慮時，我們在談的也是數百億美元的成本、大量的員工職業倦怠，且組織與企業的員工正處在心理與身體健康狀態的危險邊緣。

那麼，企業組織該如何解決這個問題呢？既然這個問題那麼普遍，這樣的焦慮難道不是整體社會影響的結果？這種影響力不是企業無法戰勝的嗎？主管也只有一個人，要如何改變這種全球性的緊繃感？雖然這條路上障礙重重，但是，我們也遇到越來越多認同此理念的領導者，已經成功讓團隊的焦慮程度下降。作法是，成為員工的支持者。為此，他們調整了自己的領導風格，聚焦於創造一個健康的職場環境，並且把這件事情放在最優先的位置。愛因斯坦曾說：「一個人聰明與否的評估標準，在於他改變的能力。」

打造職場韌性

我們很常被邀請去公司組織分享「如何培養韌性」。這是員工應對變化與從挑戰中復原的能力。當我們開始進行這些討論時，許多領導者會將焦慮感加重的問題歸咎於公司業務轉型速度很快、競爭激烈，以及當今人們缺乏韌性等因素。但是很少有領導者會認為，他們管理團隊的方式不僅在員工之間造成不必要的焦慮，有時還是導致焦慮的最主要因素。

一位我們一起討論這項議題的執行長承認：「老實說，我們是把壓力當成武器來讓員工有更好的表現。我們把焦慮放大，卻沒有思考該如何減緩它。」然而，在同樣的對話中，這位聰明的領導者對於他的公司難以留住有能力的員工也表示遺憾，並說：「**獲得與留住優秀人才的能力，將成為未來十年最大差異化的關鍵。**」

這就是問題的所在。有那麼多的員工在工作上都感受到高度的焦慮，領導者根本無法承受情況進一步惡化的後果，或是讓團隊成員自己「振作起來」、「選擇退出」或是「冷靜下來」。正如這句名言：「在冷靜這件事的歷史上，從未有人是因為被告知要冷靜而冷靜下來。」

有太多主管仍相信傳統的管理思維，認為應該讓那些焦慮的員工自動從職場離開，這些主管想著：**他們就是不適任這份工作**。或是，**我可沒有時間去擔心每個人的心理健康狀況，反正有問題他們自己會找我們討論**。但是，認為承受焦慮的人能力較差、較軟弱或是較沒有價值，完全沒有事實根據。那些在工作上表現最優秀的人，往往也有著最強烈的焦慮情緒。一項研究顯示，高度焦慮的人之中，有86％的人同時也在自己的工作崗位被認可是生產力突出的員工。這很合理，擔心自己表現不夠好的員工，通常會更努力證明自己。研究也顯示，在最聰明的人之中，有過焦慮的人其人數比一般人多非常多。高智商組織門薩（Mensa）的會員中患有焦慮症狀的機率，是美國全國平均人口的兩倍。

焦慮的員工可能就是團隊中最有能力且最聰明的員工，於是，有越來越多前瞻性的主管開始意識到，必須要打造可以接納焦慮員工的良性工作環境，並營造對所有人都友善的工作氛圍。這將是團隊成功的強大加速器。以英國男子足球國家隊近期的轉型為例，之前，英國球員承認他們非常擔心如果踢不好球，會在媒體上被大肆譴責，但是這種擔憂卻往往自我應驗，例如在二〇一六年歐洲錦標賽，強隊英國卻敗給小國冰島而出局。那時，總教練羅伊・霍奇森（Roy Hodgson）辭職，英國隊聘請了一位新教練：蓋雷斯．索斯蓋特（Gareth Southgate）。他是位安靜、不愛出鋒頭的前球員。他的第一項重點工作不是擬定戰術或鍛鍊，而是在打造有凝聚力的正向文化。兩年後，在二〇一八年的世界盃，也就是足球比賽最大的舞台上，英國隊進入前四強，這也是英國在五十二年以來最好的成績。

索斯蓋特的成功，讓大家開始注意到這種新的領導者風格，這也是現今的世界所需要的。他的風格將脆弱及對個人的關懷結合。作為一位正在學習的領導者，他請來了一位心理學家兼文化教練和球員一起合作。他甚至和球隊分享他自己在一九九六年歐洲杯罰球失誤，而導致英國和冠軍擦身而過的經歷。他願意討論他遭遇的錯折，以及焦慮如何影響他在比賽中的表現，這是團隊管理的革命性概念。這也解放了他的球員和工作人員，他們現在可以享受競爭的挑戰，而不再擔心害怕失敗的恐懼以及「萬一出問題」的災難性後果。球員說，他們現在在參加國家隊比賽時，都懷著向世界展現他們球技的期待感，取代了害怕犯錯的恐懼感。

心理健康從未被認為與體育競賽中的體能技巧同等重要，在商業的領域也是如此，但是對團隊來說，心理韌性的利基卻提供了最大的競爭優勢。索斯蓋特是第一位願意談論職業球員所面臨的焦慮的高層教練，為了幫助團隊成員，他經常會和他們一對一面談，或是以小組的形式，聊聊他們生活中所發生的事情，並同理他們的焦慮。

這種領導風格對所有人都深具啟發性，那些正在對抗焦慮的人特別有感。領導者必須理解到，焦慮的員工對任何組織來說，都是成功的關鍵。我們發現，社會是因為那些杞人憂天者才得以正常運作，而不該將他們從社會排除。事實上，著名的靈長類動物學家黛安．佛西（Dian Fossey）在野外觀察我們的表親而發現，焦慮的黑猩猩對群體的存活與否扮演著重要的角色。牠們會形成一個黑猩猩的提早預警系統，焦慮的黑猩猩會淺眠，牠們會最先察覺到危險，並發出警告。在某次實驗中，佛西決定將某個群體中焦慮的黑猩猩轉移到別的地方，當她幾個月後回到原處，發現其他的黑猩猩都死亡了。群體的生存，似乎取決於團體中焦慮的個體，提醒他人危險即將發生。

員工心理健康也是公司需協助的項目

我們很容易假定，某些員工在職場上就是比其他人更能從壓力的環境中恢復過來，無論是因為天性還是因為教育所培養的能力，而領導者對於建立一個人的恢復力無能為力。沒錯，某些人似乎無論在生活中碰到什麼問題，都可以繼續往前進。也有一些精彩的科學研究試圖找出，為什麼某些人天生就是比其他人有更強的恢復力。舉例來說，每個人在人生中幾乎都會遭到負面事件的打擊，像是失業、離婚、住院等，但是人們對創傷的反應卻很不同。心理學家指出，那些從困境中更快復原的人，具備兩項關鍵的因素：掌控權（mastery）和社群支持（social support）。

不要將掌控權和樂觀主義或是「笑著忍受」混淆了。掌控權是指，一個人認為無論他們遇到什麼事情，自己對自己的生活都有一定程度的控制和影響力。這個觀念對美國陸軍來說非常重要，所以美國陸軍會為士兵和其家人提供十天的心理韌性訓練課程，這些強化課程設計成可以幫助那些可能碰到高壓狀況的人，例如需要戰鬥的情境或是需要揮別親人上戰場。參與者學會用更積極和理性的思考模式，來對抗內心負面的聲音，對每天發生的美好事物心存感激，並更能夠活在當下、專注於當前的任務。透過練習，士兵還學會如何避免不健康的應對機制，例如低估某些事情對心理健康所造成的影響。

其次，有支持性社會連結的人，更有可能從創傷中較快且更成功地復原。當朋友、家人或同事對於某個人試圖分享創傷的感受視而不見且帶有批判性時，當事人就會增加罹患創傷後壓力症候群的風險。伊利諾大學的研究心理學家丹尼絲．卡明斯博士（Dr. Denise Cummings）表示：「研究人員認為，壓抑開放性的溝通會造成認知迴避並抑制創傷相關的記憶、社交退縮與自責，而可能強化負面衝擊。」

我們每個人都該記住的是，我們不能用某人的生活經驗來解釋他缺乏恢復的韌性或是說明他們的焦慮。每個人在人生的任何時間點，都有可能被焦慮影響。很多感受到焦慮的人，童年並沒有過得特別辛苦。而那些確實有悲慘童年經歷的人之中，有許多人不會一直感受到當時的經歷，或是在生活中感受到跟童年一樣那麼高強度的焦慮。

知名的賓州大學心理學家馬丁．賽格里曼（Martin Seligman）所做的研究顯示，無論我們在過去遭遇過什麼樣的困難，都可以培養更多的韌性、學習如何更順利地從挫折中重新站起來，並在身處艱難環境的時期，仍能堅持在道路上。

領導者如果可以幫助那些為他們工作的人克服障礙和挫折，對領導者也會有很大的益處。一位高中校長曾說，「這可能很諷刺，但是那些讓我最擔心的孩子，是在學校時都不會惹上麻煩、**從來不會**被叫進我的辦公室的孩子。當他們成年後，從來沒有收拾過殘局、重新振作起來的經驗，也不明白就算你搞砸了，人生還是可以繼續下去，而且這樣也沒有關係。」

當然了，要幫助成年人做到這一點將會是個挑戰。有些員工在事情變糟時習慣採取應付的機制，例如變得有防衛且不接受他人建議、不再參與，以及在極端的狀況下，變成幽靈人間蒸發。事實上，可參考的經驗法則是，你該假定一位焦慮的員工可能很快就會跳到最極端的狀況。安東尼對領導者有一個很棒的小建議：「當你說你想和某人會面時，不論原因是什麼，不要讓他們在那邊擔心自己是否會被踢出公司。因為很多人都會往最壞的情況猜測。大家對於不穩定的經濟情勢或公司低調裁員的方式，並非一無所知。明確說明會面的原因，不論是要開會討論報告內容的調整或是其他任何事情，這可以讓你的員工不用擔心一整天，而把時間花在更有產能的事情上。」

說了這麼多，但我們並非建議領導者應該試著當心理治療師。這根本難以想像，對吧？最重要的是要求助於提供心理諮詢的專家，並且對於任何焦慮的員工，不論他們焦慮程度的嚴重性，都引導他們參與公司的員工協助方案，或是將他們轉介給有執照認證的顧問，也會獲得非常多的幫助。管主管可以積極地為員工找到需要的幫助，而規劃組織性的方案可以為公司帶來巨大的回饋。例如，普華永道國際會計師事務所發現，在心理健康的計畫上每投資1美元，組織平均就可以有2.3美元的投資回報。這在工作效率改善、理賠申請減少、曠職減少與降低低效出席（員工在生病或過勞的狀況下仍來上班，或是在低於正常生產力的狀態下工作）上可見一斑。

根據富比世雜誌，員工整體健康狀況不佳在美國的總成本就超過五千三百億美元，其中很大部分是歸因於工作表現下滑。哈佛醫學院的研究也補充，員工心理健康狀態方面的影響，通常在此研究中是被低估的。「認為心理健康完全是員工自己要負責，而雇主不用管這些的心態，在財務層面是不合理的，」哈佛的研究人員解釋，「長遠來看，用在心理健康保健的成本，可以視為是一項投資，回報是員工都會更健康而且公司的財務狀況也會更好。」

所以，說得更清楚一點，我們大力提倡公司要提供員工心理健康的協助。但是，轉介員工參加員工協助方案以及企業組織的官方計畫並不是唯一的答案。主管的角色也很重要。畢竟，每個團隊都是一個緊密的社群網絡，有著自己獨特的相處模式。我們在這樣前景不明的時期擔任領導者的人，都必須對這件事情更為敏感：我們的團隊可能更容易受到焦慮的影響。鼓勵大家說出他們的問題，並且以老闆的角度傾聽他們的聲音，就會有很大的幫助了。正如某位年輕員工像我們吐露的：「當我們抱怨時，十之八九只是想要有人聽我們說話，並不是需要建議或是需要解決問題的方法。我們需要的只是：『這聽起來真的很辛苦，我無法想像你正經歷的這些事情，我會在這裡支持你。』我們希望自己的老闆是一位擁護者，而不是某個**容忍**這個問題的人。」

職場心理健康機構執行長彼得．迪亞茲（Peter Diaz）指出，主管可能會「直接將某個員工介紹到員工協助方案」，而給員工留下錯誤的印象。「想像一下你最好的朋友如果有焦慮的問題，」迪亞茲說，「然後你說，『你為什麼不找另外的人聊聊』或是『去吃藥』，你們的友誼還能持續多久？人們需要和他們的主管建立良好的關係。」他繼續說道，當領導者能夠提供給員工的唯一幫助是讓他們**離開**公司去接受別的幫助，他們所傳達的訊息將會適得其反。這樣做傳達的訊息是：工作是有害的，你需要離開這裡才能夠痊癒。試想，如果有人認為這是問題的所在，他們還會想要回來你的團隊或公司嗎？

迪亞茲的意思，並不是說那些承受高度焦慮的人不該找心理諮商師面談，他非常支持心理治療。但他認為，主管必須承擔責任，並盡其所能降低工作帶給員工的壓力。他說，「這就像我們將問題歸咎於個人，但是我們自己呢？我們是否提供他們足夠的支持？我身為主管是否夠平易近人？我是否害怕這個問題？」這件事的核心是：當員工發現自己有心理健康的問題時，主管是否願意與員工站在同一陣線？主管知道該提供幫助到什麼樣的程度，但是又不至於變成在做心理諮商嗎？這些是現今的主管都需要具備的重要知識。

在卡夫亨氏公司全球獎勵負責人雪莉・溫斯坦（Shirley Weinstein）表示，如果說二〇二〇年疫情在全球大流行這件事情，有造成某個令人振奮的結果，那就是各個層級的主管都意識到，焦慮是一個真實的商業問題。她說：「他們和家人待在家裡面，感受到更多的壓力以及和團隊成員保持聯繫的必要性。他們親身經歷後，意識到心理健康是一個真正的問題，我們希望我們公司的領導者都可以幫助員工面對焦慮和情緒健康問題，這與當今的不確定性加在一起有著更負面的影響力。」然而，心理健康的污名仍然存在。我應該舉起手說，『我需要幫助』嗎？當你檢視員工協助方案時，你會發現，即使在疫情大流行的時候，員工協助方案的使用人數仍沒有增加。人們會擔心：『如果我告訴我的主管，他們會怎樣反應？他們會怎麼做？』還有，我們是否給予主管適當的輔導與訓練，讓他們知道該怎麼反應？」

為了處理這項非常現實的問題，卡夫亨氏公司的領導原則中，有一項就是「同理心和關懷」。溫斯坦說，主管必須學會理解與判斷員工面臨的問題，無論是工作量、工作與生活的平衡、心理健康、壓力、倦怠、焦慮或是精力不足。我們在想的是，如何確保主管都有能力發現這些狀況、意識到可能在哪些地方導致了問題，以及如何善用同理心與關懷來解決問題。我們還未完全解決這個棘手問題，但是已經開始討論了。

好消息是，這本書將提供團隊領導者八種簡單的作法，我們找出的這些方法可以大幅降低他們的員工的焦慮感。應用這些方法以及從本書中學到的教訓，將可以幫助任何一位領導者向那些他們有幸可以領導的團隊成員，傳達真誠的關心，讓團隊的成員每天晚上回家後都可以覺得自己更受重視、更被聆聽，也更被接納。與我們合作過的領導者，他們的案例也都展現出豐富的成果。

當我們都在適應一個深受冠狀病毒大流行所影響的世界，同時高度緊張於就算是擁有穩健成長計畫與看似安全市場的那些最成功的組織，也可能隨時就面臨突然的動盪。現在比以往都更需要這些培養員工韌性的方法。

八組解決工作焦慮的策略方法

我們花了二十年的時間來個別指導主管與他們的團隊，如何改善工作的經驗與組織文化。在過去的十年中，研究合作夥伴幫我們調查了超過一百萬名員工，我們也看到，只要簡單針對領導者的管理方式進行調整，就可以獲得很大的效果。為了處理焦慮感變嚴重的嚴峻挑戰，我們特別深入研究引起焦慮的原因以判別哪些方法最能夠有效地減緩焦慮。

來自艾德里安的話：我對於這個專案的熱情來自我的兒子安東尼，他也參與寫了這本書，以他努力解決自己焦慮問題的角度，提供了許多寶貴的見解。東尼從小就有嚴重的焦慮症，但是他仍然能夠主修生物技術並以優異的成績從大學畢業。他在有機化學、物理和生物資訊學等高難度的課程中都表現出色，同時還在國家衛生院（NIH）資助的基因實驗室兼職以及擔任助教。

在他念大學的那幾年，我們常常談的是，雖然他對學業和所做的實驗充滿熱情，他還是會有覺得自己和工作或班級脫節的時候。雖然他經常熬夜念書，對工作也很有熱忱，可以連續工作好幾個月週末都沒休息，但是他有時還是會有種自己無處可逃的感覺。回想起來，這些對話都是在描述「鴨子綜合症」。我們兩人間的許多對話，成為參考的脈絡，在員工向我們傾吐過去面對焦慮的經驗時，這些脈絡經常會出現。當我們與安東尼就此議題進行討論，尋找安東尼能夠持續成功的深層原因時，我們意識到，和某位有焦慮症的人合作有助於找到建立員工韌性的一系列特定方法。這是一個靈光乍現的時刻，讓我們三個人踏上了追求這項使命的道路。

接下來的幾年，我們聽到太多主管碰到這樣的問題，這讓我們開始意識到可以幫助主管解決這個問題。我們知道作為領導者，要深入了解焦慮的領域是很讓人卻步的事情。所以我們為了你走在最前線。大家最不需要的，就是更繁重的工作。我們工作的目標是為主管建立一套簡單的指導方針，方便主管快速閱讀，並提供可以立即實踐的方法。

本書是以八個職場焦慮的主要因素作為架構，每一個章節會闡述一組策略。他們可解決引起焦慮的議題，例如以下：

- **員工對於組織面對挑戰的策略，以及這會如何影響工作的保障，心裡有著不確定感。**
- **工作量負荷過重、需要主管協助平衡工作量以及制定工作的優先順序。**
- **職涯成長與發展機會前景不明，以及在日常的工作中，需要更明確的指示。**
- **完美主義會成為做好工作的阻礙。**
- **害怕表達意見、提供建議，以及害怕與他人爭論。**

- **婦女、有色人種、泛 LGBTQ+ 族群以及少數宗教的員工感到邊緣化，覺得自己像是「外來者」。**
- **被團隊成員在社交互動上排斥，遠距工作增加的疏離感將為這項問題帶來更多變化。**
- **缺乏自信、低估自己的價值。**

我們中的有些人會比其他人更容易受到其中一或兩項問題的困擾，因此領導者需要發揮創意來提供不同的幫助。某個你團隊中的成員可能對於緊迫的專案截止日期會感到極度焦慮。他的挑戰可能更多是關於他的完美主義，而不是工作太多。正在蠶食他的是擔心自己能夠將事情**做到多完美**，而不是該做多少工作以及工作的時效。另外一位員工可能對她工作的表現非常有自信，但是感到壓力很大，因為她看到了團隊或組織將會碰到問題的跡象，但是不信任公司的管理團隊有解決問題的計畫，或是對她自己在不確定性的未來中將扮演什麼樣的角色感到不安。作為領導者，一但我們知道該注意什麼徵兆，就可以應用本書所提供的解決方案，更有效率地及早開始處理問題。我們不僅會分享你該做些什麼，還會以真正主管與他們員工的案例作為示範，讓你知道**該怎麼**做。

先簡單告訴你一個故事，讓你了解本書的風格。紅山科羅拉多居家治療中心的執行長肯．休伊博士（Dr. Ken Huey）告訴我們，他的公司有一位新進員工在工作的第一週就錯過兩次重要的預約。他說，「我心裡想，『這真的可行嗎？』我和我的商業夥伴一起找這位新同事開誠布公地詳談，她承認自己在這些預約之前恐慌發作，所以她只好回家，然後告訴我們她腸胃不適。」

「我們聘雇她是因為她具備團隊所需的重要技能，」休伊說，「所以，我們決定設法減輕她的焦慮。當她感到工作太多無法承受時，我們就將這些工作轉派給其他人。好消息是，我們做的事情讓她感到自己難以置信地被接納，她在工作中從未再發生恐慌發作的狀況。她也能完成我們希望她所做的工作。」

休伊和我們分享的案例，讓我們注意到，也許他的員工認為生理上的症狀比心理症狀更有可信度（當然，焦慮有時候會導致生理的症狀）。我們猜想，她是否過去曾經經歷過某位主管忽視了她的心理健康，導致她逃避自己真正的問題。好消息是，休伊善於傾聽，花時間去了解問題在哪裡，並且找到靈感去提供協助她的方法。

致力於讓團隊成員感到被理解、被接納和有安全感，也是一個建立團隊情感的機會，研究的結果也非常肯定地顯示出，團隊的情誼是強大的生產力推進器。在這種新的管理方式上，投入多一點點時間和注意力，你將可以看到明顯的回饋，而且，這對領導者來說，也是降低焦慮的一種好方法，因為許多領導者也在擔心自己工作職位的保障。管理顧問公司麥肯錫表示，「大量研究顯示，在日常商業活動的環境下，富有同情心的領導者會有較佳的表現，他們可以讓團隊凝聚更強的忠誠度與參與度。然而，在危機期間，同情心這個因素的重要性就會增加。」

當然，如今我們每個人都不能倖免於工作上的壓力和威脅。無論我們怎麼做，員工還是無法完全停止擔憂、壓力或是焦慮的感受。對於現今職場所面臨的許多挑戰，主管也似乎無能為力。變化的步調不會變慢，競爭也不會消失。但是在我們的團隊中，我們可以在很大程度上靠著降低緊張感、給予支持、激發熱情與忠誠，以及為大家建立一個有安全感的環境來度過這段時間。擁有一個良性的工作環境，這是我們大家都能夠獲益的目標。

第二章

焦慮如何趁隙而入：協助團隊成員面對不確定性

如果你沒有感到焦慮，那你就是不夠用心。

——來自一位47歲男性在訪談中的論點

沒有什麼比未知的事情更令人焦慮，也沒有什麼比我們現代的工作環境帶來更多的未知，然後這之中最大的未知是：我們的工作是否可以持續下去。

在二〇二〇年7月時，有60％的美國工作者表示他們擔心工作的保障。在我們訪問的年輕工作者中，甚至是在疫情大流行之前，就發現對工作的不安導致這個世代處於長期的憂慮中。二十六歲的艾許莉在金融服務業工作，她告訴我們，她的焦慮和工作的穩定性有關。「過去二十年發生的事情影響了我們這一代人的生活經驗：

在911恐怖攻擊事件後有大量勞工遭到解雇，二〇〇八年金融海嘯時也發生了一樣的事情。現在是AI人工智能和機器人讓我們的工作顯得無足輕重。」

記者馬科姆·哈里斯（Malcolm Harris）在他的《*Kids These Days*》一書中指出，千禧世代投入更多時間，而且他們的工作成效更好，但是卻得到更少的回報。他說：「我們年輕人自己負擔培訓的成本（包括學生貸款），承擔規劃自己去兼差或接案子的成本，這不就是資本主義嘛。對老闆來說，我們不是獨立的個體，我們大多數人都只是（可被替代的）勞工。」

雖然這些話對某些領導人來說可能很刺耳，或是帶有馬克思主義的色彩，但是可以發現哈里斯的觀點在他的世代中並不算極端。在約定好匿名的情況下，我們為本書訪問了幾十位千禧世代和Z世代，他們大多是受過大學教育且正在職的專業人士，而結果讓我們大開眼界。他們之中，有大多數人認為迄今資本主義都讓他們失望了——與前幾個世代的人相比，他們得到的工資更少、福利更差、支援更少且更沒有保障。事實上，勞工之所以願意從早到晚、全年無休地在半夜三點或休假時查看手機，最主要的原因是害怕被解僱。他們的行為是由恐懼所驅動，而在我們大腦的某些區域是無法區別恐懼和威脅的，尤其是邊緣系統。當腦部的這塊區域確認現在有威脅時，就會激發警示反應。警示的反應不會幫助我們專注於如何改善現況，而是會讓我們聚精會神在注意有什麼壞事會發生，而對於該採取的方向猶豫不決，這個過程，就可能導致慢性而長期的壓力。

雖然有一些領導者認為，經濟、工作或是競爭的不確定性與由此產生的壓力，可以讓他們的員工對挑戰火力全開，但對大部分工作者來說情況並不是如此。不確定性會引發人身體上的各種反應，且往往會對一個人的工作表現帶來負面的影響。想想這是如何影響以下這兩位職業籃球運動員。

薩姆．卡塞爾（Sam Cassell）在任何時候罰球都表現很優秀，他在NBA的職業生涯中普遍有86.1％的命中率。然後，在關鍵的時刻，例如加時賽，或是比賽只剩不到五分鐘，且兩隊都沒有領先超過五分時，卡塞爾的投籃命中率高達95.5％。當情況有不確定性時，卡塞爾總是可以鎮定、投出好的表現。他呢，是一個例外，而不是通例。

我們以卡塞爾的例子和另外一名球員比較，這位球員是六次入圍全明星賽的球員，我們不會提及他的名字（他的塊頭比我們大得多）。這位球員在他漫長職業籃球生涯的黃金時期，平均得分是20分與10籃板，他罰球的命中率約為75％，約略是NBA的平均值。但是在關鍵時刻，他的罰球命中率會降低到只有超過50％一些。這個傢伙可以在常規比賽中全力以赴，但是當不確定性主導時，他罰球命中的機率和拋錢幣決定事情的機率差不多。

領導者該注意的重點：了解不確定性對團隊成員的影響，並將任務正確分配給適合的團隊成員負責。那些認為員工「需要適應不確定性」的老闆都與人類的行為心理學脫節。有些員工可能可以在不確定性的狀況下表現良好，或是對於模糊性高的工作任務也可以表現良好，甚至是因此表現得更好，例如，在沒有既定政策與流程的狀況下開發新的業務市場。但是，有很多人永遠無法適應在這些情況下工作，或是在工作上有最好的表現，但是這些人可以在架構與步驟都清楚的工作上，有很好的表現。

現在，有許多員工會因為大量不確定性的因素感到緊張與越來越擔憂，這是常見的現象，從大的問題像是疫情大流行的挑戰以及這將如何影響他們的公司，到小的問題像是「我的老闆在這份報告中真正想看到的是什麼？」或是「我在執行這項任務時所依循的工作流程是正確的嗎？」都包括在其中。

事實上，新興的這個世代，整體上是一個更加焦慮的群體，所以有些人稱他們為「偏執狂世代」（generation paranoia）。現今的年輕人都傾向追逐安全感，甚至在COVID-19之前，他們就因無所不在的威脅而感到困擾。在《大西洋》雜誌中，艾許莉．費特斯（Ashley Fetters）描述這個世代的年輕人會在走進任何房間時，先檢視這個房間是否有出口，然後在腦中模擬如果有槍手突然掃射，他們該如何求生。你能想像在這樣的世界中工作嗎？更不用說放鬆了！

領導者還需要意識到，員工對於缺乏職涯發展的選擇，普遍都感到憂慮，擔心著某份工作沒有升職的可能性，更不用說對於失去工作的壓倒性恐懼。一位千禧世代的代表，在我們訪談時為我們總結道：「不用擔心工作保障這件事，這對我來說是完全陌生的概念。」他並不是特例。根據富比士雜誌報導，千禧世代將「害怕失去工作」列為工作時最在意的事情的人數是X世代的四倍。

當不同層級的主管，都無法針對組織所面臨的挑戰以及這些挑戰將會對員工有什麼影響，進行清楚、準確和一致性的溝通時，不確定性就會加劇。我們都不得不承認，產業改變的步調已大幅加速，組織被顛覆的速度比以往任何時候都快。員工也可以在網路上找到許多關於公司經營狀況的資訊，而且這些資訊大多數都不是正面的消息。然而，大多數領導者都還沒調整他們溝通的方式或頻率，以控制焦慮感不要越來越嚴重，或是平衡負面的外部資訊。

雖然一位主管難以解決整體不確定性的根本原因，但他們做的到的事情，是分享他們對組織所面臨的挑戰的了解，以及分享組織將採取哪些方法來面對這些挑戰，並特別說明這些挑戰可能會對團隊與重要性高的事項有那些衝擊。

莉茲．懷斯曼（Liz Wiseman）是《*Multipliers*》一書的作者，她也曾任甲骨文公司全球市場的高階主管，她告訴我們：「無論我們正面臨的問題是疾病大流行、社會不公，還是現今有太多我們需要知道的資訊，領導者的職責就是要對他們的員工說，『跟著我走吧，我們一起走進黑暗，然後，我們將一起走過複雜、不確定、模糊和無常，然後一起到達一個更好的地方。』領導者該做的是善用團隊的集體智慧，然後在前進的路上找到答案。」然而，大多數領導者的挑戰是，他們不願意承認自己並沒有搞清楚一切。懷斯曼所描述的是一種非常不同的領導力思考方式。

直接的力量

眼科視光學集團FYidoctors的總經理達西・維爾洪（Darcy Verhun）致力在二〇二〇疫情大流行的期間，實現他所稱的「持續透明化溝通」。

FYidoctors在加拿大有超過二百五十家驗光診所，該公司剛進入美國市場時，正好碰上COVID-19，只能被迫關閉所有的診所，為符合公共衛生的規範改為只提供緊急的眼科護理服務。「在這個壓力很大的時期，為了讓所有人都能夠了解最新狀況，我們每天透過Zoom與整個團隊視訊通話、公告最新的進度，有將近三千位同仁參與。」維爾洪告訴我們。「在通話之前，管理團隊會花時間思考我們同仁所面臨的不確定性，以及他們可能的感受。我們從家裡的辦公室會議間撥出這些電話，我們想示範給我們的緊急護理人員看，表明我們已準備好在疫情大流行的期間待在辦公室裡，並遵從醫療當局的指示，這也是我們要求同仁所做的事。」

「在每次通話剛開始的時候，我們都會重新確認我們的計畫、當天我們正在處理的關鍵問題，以及自前一次通話以來有哪些變化。每一天都會有變動，我們所經歷的事情，對所有人來說都很有壓力，隨著通話的進行，同仁會向管理團隊提出許多問題。有時我們得打斷彼此，或是需要盡快回應沒有預期到的問題。我們必須快速思考，才能公開且透明地給予回應。這樣做讓我們得以和團隊建立信任感、信心，以及深度的參與感。」

維爾洪說，幾週後，高階主管們發現他們不再是唯一回答問題的人。「我們在聊天室讀到問題的時候，醫生和團隊早就以比我們更快的速度指引對方方向、回答了彼此的問題。這告訴我們，每個人都在幫忙建構解決方案，並共同領導，實現領導團隊為組織所訂定的目標。」

年中時，FYidoctors 的診所重新開張，該公司提報了過去二十年以來最好的當月業績與成長。

想要了解在不確定性高的時期，缺乏透明度會對公司的士氣有多大傷害，只要看雅虎（Yahoo）衰退的例子就夠了。在二〇一〇年代中期時，雖然對投資者而言雅虎表面上看起來前景不錯，但是員工已開始質疑公司的生存能力。根據《紐約時報》對雅虎員工的採訪，領導者開始進行一系列的「秘密裁員」。他們每週都會叫一些人來談話，然後悄悄地解僱他們。沒有人知道誰是安全的或是下一個走的是誰，恐懼讓許多員工失去工作的動力。對於熱愛雅虎與對雅虎平台有信心的忠誠員工而言，這整個過程很令人困惑，並且大大打擊了士氣。「我們都希望能發揮最大的影響力並善用雅虎現在的優勢，」員工奧斯丁・修馬克（Austin Shoemaker）那時說的話，正是許多忠心耿耿的雅虎人內心共同的感受。最後，在二〇一五年3月，雅虎的執行長梅麗莎・梅爾（Marissa Mayer）在一次全員參與的活動中，告訴員工「流血已經結束」，她甚至開了一個暗黑的玩笑，說「沒有人會在那一週被資遣」。然而不久後，雅虎又開始裁掉更多人。

員工很清楚雅虎所面臨的競爭有多激烈。這家公司處於整體產業的廣告投放都普遍下跌的困境中，更不用說在新聞、體育和網路搜尋引擎與電子郵件等眾多服務中要試著有超越他人的表現，都非常困難。但是接受採訪的員工皆表示，他們希望團隊可以凝聚起來，一起跨越障礙，就算這代表著，為了公司的生存，有些人可能不得不離開公司，這也沒關係。當梅爾試圖將資遣藏在「組織重組」下的時候，一名員工告訴紐約郵報：「我不認為大家需要的是安慰。他們想要被尊重，希望可以被信任且被告知實情，這樣他們就可以規劃他們自己的人生並且提供幫助。」

幾乎在任何一家公司都是如此，早在有關產品故障、裁員、合併或成長衰退的新聞見報之前，大多數員工就已經知道公司正面臨挑戰。在動盪的時期，當主管未能透明化地討論問題與公司正在採取的策略時，焦慮（常常伴隨著冷漠）就會加劇。

奇異（General Electric）是另一家不幸的公司，在其執行長傑夫・伊梅特（Jeffrey Immelt）任職的期間，早在大眾意識到問題之前，員工就已經意識到公司正面臨嚴重的危機。但是多年來，這家國際企業成功演出粉飾太平的戲碼。內部人士告訴華爾街日報，他們的最高領導人並不想聽到壞消息，而高層主管們繼續表現出一種不符合現實營運狀況與市場現況的樂觀。在二〇一七年5月，在一個坐滿華爾街分析師的房間裡，伊梅特當著這些分析師的面前說：「這是一家很強壯、非常強壯的公司，」然後為奇異的獲利目標辯護，「這並不差，這其實很不錯了。……今天，當我想到股價，對比到公司的現況，我覺得股價並沒有反應出公司的價值。」**是這樣**

沒錯。但是並不是如他所說的方向，雖然那天奇異的股票以將近28美元成交，但是在不到兩年後，股價卻跌到6美元以下。

我們一直在觀察新任執行長賴瑞・卡普（Larry Culp），他為奇異帶來一股新的活力，讓內部與外部的利益相關者都清楚知道公司的策略，員工可以提出棘手的問題，且信任公司會誠實且坦率地處理這些問題。我們很高興在卡普在上任六個月後聽到他解釋說：「我們將嘗試，盡可能以透明的方式跟大家分享問題，以及我們的計畫。但是這需要些時間，而我們並不想粉飾這一點。」

世界各地的其他領導者也跟卡普一樣，努力讓員工參與，把員工當成克服危機的過程中的夥伴。舉例來說，在二〇一三年時，美國AT&T的高層得出結論，他們的二十八萬名員工中，有十萬人從事的工作可能在接下來的十年內，就變得不再有必要性。AT&T就像許多在科技產業的公司，該公司的未來，就是原本自豪的業務很快就會過時。隨著產業的重心從電纜和硬體轉向網路、雲端和數據科學，AT&T的領導者知道，公司必須要自我改造。

AT&T並不想放棄員工所具備的知識與熱情，他們讓員工知道前方所逼近的挑戰，並表現出留住員工的決心。從二〇一三年起，AT&T每年花費約2.5億美元在員工的教育訓練與職業發展計畫上，更不用說每年援助員工超過三千萬美元的學費。在二〇一八年時，該公司估計有一半的員工都為新開的工作職位而積極學習技能。接受再培訓的人填補了一半的科技管理職，並且在晉升的人之中佔了一半。

一位網絡支援專員在AT&T工作了二十幾年，擔任過包括銷售業務到911緊急電話線路的維護等工作。考量到公司轉型成以軟體為重點，他重新定位自己、學習新技能，並獲得雲端測試環境產品開發工程師的職位。他說，「我很難描述我們正在前進的方向，和我過去所參與的那些輝煌的科技，兩者之間那個巨大的差異鴻溝。就像是白天跟晚上一樣，兩者完全沒交集。」（我們在第四章終將會介紹技能發展圖來協助大家發展技能。）

這家公司知道，大規模裁員會破壞對管理團隊的信任，而這種信任對於員工的投入程度、創新與表現來說都是必不可少的。自從這項人力的全面檢討計畫開始以來，加上很大程度上和員工誠實地溝通，並對團隊進行再培訓，從二〇一三年到二〇一九年間，AT&T的收入從一千二百九十億美元增加到一千八百一十億美元、產品的開發週期縮短、獲利速度變快，AT&T甚至首次入選了《財富》雜誌的百大最佳雇主名單。

如果一家公司的高階主管沒有採用像是這樣誠實且清楚的管理方式，團隊的領導者可能會侷限於自己可以分享的內容來幫助團隊成員降低心中的不確定性。但是就算有這樣的限制，我們發現團隊領導者還是有很多可以做的事情。

哥倫比亞大學商學院教授麗塔．麥格拉斯（Rita McGrath）在訪談中告訴我們，這關係到主管要試著盡可能吸收這些不確定性，而不該把這些不確定性強加給他們的團隊成員（誠然，這可能或多或少都會增加主管自己的焦慮程度，但是領導者通常會比團隊成員更能夠承擔風險）。

麥格拉斯舉了一個保險公司的產品開發團隊作為例子，這是她的合作對象。我們解釋一下背景脈絡。在美國的保險業是由各州所監管，所以一項新的保險產品能否在某個州上市，取決於每個州的監管委員會決定。

專案的領導人比爾詢問他在營運部的窗口托德，他的團隊是否準備好讓這項一直在開發的新產品上市，但是托德對此猶豫不決。麥格拉斯博士不得不向比爾解釋，他需要具體說明，並且讓營運部門知道，該準備在美國的多少個州推出產品。比爾說：「但我們還不知道。」麥格拉斯進一步解釋，比爾所擔任的領導者職務，讓他比職位低於他的負責人更有容錯的空間。於是專案領導人回去找托德說：「我希望準備好在十五個州推出產品。」對話立刻改善。托德回應，他的團隊可以處理好，而且如果他們借用一些資源，甚至可以做到在二十個州推出產品。

雖然在工作的時候，一個人的工作難免會碰到未知的狀況，但是這個例子告訴我們的是，就算是在變動的狀態下，主管仍可以為團隊成員填補釐清的缺口。

在本章中，我們將介紹六種方法，讓主管可以幫助團隊成員面對大局的不確定性，例如組織所面臨的潛在威脅。首先，我們將討論領導者應該和員工溝通，以降低不確定感的最重要議題：個人績效與發展。

經常做一對一的溝通

有許多員工的焦慮是來自於他們的工作表現以及成長機會，換句話說：**我表現**

的如何？以及，**我在這裡會有未來嗎？**當主管未能清楚表達這些事情時，就會造成更多的歧義。有一位我們曾經向他匯報的高階主管，在每次完成任務時，會習慣性地對我們說：「這還不是我要的，當我看到我要的東西，我就會知道。」然後就讓我們再去做。他認為自己給了團隊「不設限的創造力」，這將鼓勵我們有最好的工作表現，但是實際上，他讓我們的焦慮感提升到難以忍受的程度。

當然，我們知道公司有給員工回饋的正式管道：例如年度考核，但是研究顯示，這些考核會議之間的間隔可能是六個月或十二個月，這樣的關心頻率嚴重不足而無法解決許多人對工作的不確定感。許多公司決定改變績效評估的方式，或是完全放棄這套作法，取而代之以更即時、更頻繁的流程，由直屬主管直接負責考核與培育員工。我們稱這套流程為永續考核（continuous review），主管可以用這種方式持續給予反饋，並使用即時的評估指標來衡量員工的工作表現。

格雷．派普（Greg Piper）是美國BD醫療科技公司的持續改進總監，他每兩週會和他的團隊成員進行三十分鐘的一對一工作績效與發展面談。他的團隊遍佈世界各地，「我第一個問的問題總是『**你**想談什麼？』」派普說。

史帝芬・文森（Stephan Vincent）是LifeGuides的高階主管，這是一個同儕間互相支持的平台。他每天早上一開始都會問同樣的問題。「我每天給每一位團隊成員的第一則訊息是，你今天覺得如何？因為今天的狀況，很可能和昨天的狀況不一樣。」這些在進入正題前的關懷不應該急就章，如果有人想要分享他們的故事，他們應該要有時間慢慢說。在「我很好」的表面之下，要往下探究多深，就由領導者來決定。「未來的職場將會比過去更人性化，過去那種傳統的管理方式將會越來越少見。」文森補充說，「隨著我們建立更深層的連結，最終公司將可以受益於更高的生產力、更多的合作與更多的創新。」

雖然如此，但是請注意，詢問某人「你是否有焦慮症狀？」是不恰當的。這樣是侵犯隱私，可能會讓事情變更糟。反之，可以考慮私下詢問對方像是：**我注意到你在這些壓力特別大的情況下很辛苦，有什麼我可以幫忙的嗎？**

BetterWorks平台所做的調查顯示，頻繁的關心有其價值。每週與主管碰面並討論目標達標進度的員工，實現目標的可能性高出二十四倍。經常性地給予回饋讓主管可以在需要的時候提出有力的反饋，並且能夠平息許多員工的焦慮情緒，這些員工其實表現出色，但是卻很擔心自己的工作表現。

根據一項超過三萬人參與的領導力IQ調查，只有29％的在職成人知道自己的「工作表現好壞」。同樣令人煩惱的是，有超過一半的人表示，他們很少知道自己的工作表現是否算是做得好。

泰勒是我們碰到的一位客服人員，他說他的主管從一位善於溝通的換成一位幾乎不溝通的，於是他開始覺得工作上好像沒有重心。不知道這位新主管對他的工作表現有什麼看法，或是新主管是否認為他可以繼續發展，泰勒最終向新主管詢問一些回饋意見，以減輕他心中的不確定感。他們坐下來，主管說了他到現在為止在泰勒身上看到的一些正面表現，也提供一些他認為泰勒可以更進步的地方。泰勒告訴我們，他覺得那些改進的建議「很刺耳」，並且花了許多時間於負面情緒中鑽牛角尖。泰勒並不孤單。人腦有著消極偏見，對於負面消息所產生的腦波活動反應會比正面的消息更大。當我們聽到關於自己的負面消息時，我們的反應就像是緊黏的魔鬼氈一樣，就算好消息的比重是壞消息的十倍也是如此。諷刺的是，這可能就是這位主管一開始不願意給予團隊中任何成員回饋意見的原因。

泰勒讓我們指導他，在下次兩人會談時嘗試一些新的作法。我們告訴泰勒，首先要注意老闆提到的任何正面因素，並且把這些寫下來。我們告訴他，在他了解主管對他的優點有什麼想法之前，先不要管任何缺點。他向我們回報說，他覺得記下老闆對他說的好話感覺特別奇怪，然後更奇怪的是要求老闆講清楚這些正面的表現，但是，對話只過了大概十分鐘，他就開始意識到，他的主管很清楚他的長處。泰勒開始可以用新的角度去看待老闆所提出的改進建議，這些建議是為了幫助他發展自己的才能，這樣他才能進步，這些建議並不是針對他的整體表現的不滿。在會議的最後，他帶著全新的信心離開。

我們已經將這個案例中學到的教訓分享給我們合作的領導者，也就是，要比過去花更多時間，並且要非常清楚地表達你對員工的優點的認可。

而對此我們聽到的抱怨是，主管需要花太多的精力來幫團隊中的成員克服每個人心裡的不安感，太多的輔導、溝通、手把手的指導與關懷。艾德里安參與了二〇一九年在斯德哥爾摩的北歐持續改進論壇，在他主導的研討會中，他就聽到這個抱怨。他的主題是：如何引領文化改革。出席的幾百人都來自瑞典各地不同的公司，在議程中，艾德里安給他們一項練習，幫助他們集思廣益動腦，該如何用更好的方式和他們的團隊討論改變，並且改善在複雜環境中向上與向下傳達資訊的方式。在艾德里安解釋練習內容的時候，一位年長的主管抱怨，年輕的一代「很難領導，因為他們需要**過多的**指導和建議。」旁邊的桌子就坐著兩位看起來很年輕的工作者，看上去只有二十幾歲，艾德里安問他們：「**你們**需要過多的指導和建議嗎？」大家都笑了，其中一位年輕人以瑞典人特有的機智回答：「我不覺得這樣說是完全正確的，」她說，「我相信我需要的是前後一致的指導和建議。」啊，這就是青春的智慧！

當員工無法順應變化，或是拒絕突破界限時，我們通常會發現，他們所害怕的是對工作的影響，即使他們可能完全有能力做得比主管要求得更好、改變自己的行為或是超越現狀。由於領導者並未明確要求他們要做到更多，這些人永遠只做到要求範圍內的事情。更糟的是，他們在該說的時候卻沒有說出來。

為了本書，我們訪問了哈佛商學院的艾美．艾蒙森博士（Dr. Amy Edmondson），她是《心理安全感的力量》（*The Fearless Organization*）一書的作者，她解釋：「當人們感覺到人與人之間的焦慮加劇時，他們會擔心，『我如果做了……會不會惹麻煩上身？』或是，『我如果做了……會不會被拒絕？』心理安全感就代表沒有人際間的焦慮，也就是沒有『你怎麼評斷我這個人？』的焦慮，這在人類的經驗中太普遍了，會妨礙人們做出正確的事情，會阻礙人們在碰到危機的時候勇於提出可以避開危機的建議。」

主管若是可以在一對一對談中以明確的態度和員工溝通，員工就可以了解什麼是被允許的、什麼是不被允許的，以及目前需要採取的是哪些行動。這還有助於員工負責新的計劃或是監督某項任務，因為他們可以了解新的責任的界限，以及有哪些事情是在他們可以自由決策的範圍內，哪些則否。以下是一個說明的實例。

布雷特・費雪（Brett Fischer）是美國職業足球大聯盟皇家鹽湖城隊（Real Salt Lake）的銷售總監，我們曾經在他的團隊舉辦延長賽的第二天拜訪他。費雪在比賽的時候指派了一位友善、外向的員工麗莎來顧球隊商店的其中一台收銀機。費雪一直很忙，在指派麗莎工作的時候，他只說：「大顯你的身手！」然後他就跑去處理其他事情了。

麗莎開始與排隊的每一位顧客聊天，問他們問題，講有趣的故事。在這個重要的比賽日，她熱情的談話讓結帳隊伍慢了下來。

費雪把麗莎拉到一旁說：「我說得不夠清楚，這是我的問題。通常，和客戶聊天會是好的，但是今天，我們需要在結帳櫃檯的人也能有緊湊感。現在有這些選擇：我們可以讓另外一個人來負責收銀，讓你可以和現場的顧客互動，或是，你需要專注在收銀上，並且全力加速做這件事。」

費雪在接下來的幾個小時確認了幾次麗莎的狀況，她的結帳隊伍一直都很順利前進。「比賽結束後，她離開時感覺非常神清氣爽，」費雪說。他說，起初麗莎很有防衛性而且感覺很受傷。「她覺得我是在批評她這個人，」費雪說。她變得焦慮。但是費雪向她澄清說，今天是非常忙碌的日子，客戶在這天最需要的就是速度。麗莎最後說，「我想留在收銀台這裡。」

不可否認地，這是適當的互動。但是團隊中的大多數互動難道不是這樣嗎？費雪製造了歧義，但是勇於承認他的錯誤。他試著提供業務的重點，以解除可能導致焦慮的狀況，提供誠實但友善的反饋，並幫助麗莎了解顧客的需求，而不是讓她覺得自己失敗了。他因此學習到，給予清楚的指示，讓員工可以預期可能發生的狀況，就可以讓員工更有效率地工作。

雖然明確且定期做一對一的溝通有許多優點，但是有許多主管仍然對於他們的員工需要這種指導而感到挫折。反之，他們希望團隊的成員能夠更有自主性。確實，一定程度的自主性不僅對效率來說很重要，員工也可以感覺到被授權，而且，沒有人喜歡主管什麼細節都要管。但是主管通常有很多知識以及有價值的案例，可以讓員工了解，同樣一件工作主管過去是用什麼方式來處理的。當主管沒有花時間分享這些工作智慧時，他們可能就會大幅增加員工的焦慮程度。

現今的公司都有非常獨特的運作方式，每個團隊也都有自己特殊的運作平台，把事情做好的重點真的是在細節上。提供細節的指導可能感覺很乏味，但是領導者也應該用他們第一次處理某項任務的思維去思考。許多他們匆匆帶過的平凡細節，可能成為和團隊成員進行重要對話時的重點。

正面應對不確定性的六種方法

從我們在輔導領導者的工作中開發出一套方法，任何主管都可以使用這套方法來與員工溝通，以幫助員工減少不確定感。這套方法可以幫助團隊成員感到被需要以及有參與感，其中包括定期與團隊成員以團體方式會面，討論與辯論產業變化，以及這些變化會如何影響團隊；以積極的態度一對一聆聽員工的顧慮和建議；制定評估成功的指標，幫助團隊了解組織面臨的可能挑戰，並參與尋找解決方案的過程。

方法一：不知道問題的答案也沒關係

在盧茲．齊歐布（Lutz Ziob）擔任微軟教育部門的總經理時，他帶領他四百人規模的團隊經歷了重大的轉型。多年來，他的單位以外部學習為主，針對客戶公司內部的學習需求，透過訓練客戶的員工使用 Microsoft 工具來賺錢。該公司以這套獲利模式創造了好幾十億美元的收入。當著眼於未來時，團隊就碰到意見相左的情況，他們爭論的重點在於是否該放棄這套可獲利的方法，轉而像是在大學或是高中時，更早就開始訓練人們使用 Microsoft 產品。齊歐布自己也沒有答案，所以他讓團隊一起討論，並且使用一種結構式的辯論方式。

他要求團隊成員帶著自己的觀點與佐證，進行一系列的辯論。他們需要激烈地捍衛自己的意見，然後還願意改變立場。例如，克里斯會從銷售的角度反對這項變革，而李安妮則從行銷的角度肯定這項變革。然後齊歐布會要求兩者轉換立場，並繼續討論。暢銷書作者莉茲．懷斯曼解釋，「最後很難知道誰贏了辯論，但是這不是重點。交換立場可以完全打破辯論中的『誰』這個部分。」

齊歐布盡可能地減少團隊的不確定感，並建立了一個小組，這個小組的功用是提供給團隊最佳的可用資訊，並打造齊歐布的團隊可以分析未來，且共同以團隊做出決策的環境。懷斯曼告訴我們，在採訪他的直屬下屬時，「對於這個人，他們說他們的領導者創造了一個學習的環境，讓團隊成員在這裡可以嘗試、冒險與犯錯。這是為什麼他們團隊可以在變動的時期做出明智的決定。」

方法二：在碰到困難的時候要鬆開你的掌控

妮可．馬拉考斯基（Nicole Malachowski）是美國空軍雷鳥飛行表演隊的第一位女性隊員，她在訪問中向我們解釋了飛行員在遇到亂流或逆流時如何飛行。「試圖抗拒改變是人的天性。當我們在彼此相距3英尺的隊形，以450哩／小時的速度倒置飛行時，我們彼此有一個約定，那就是要鬆開握緊操縱桿的手。如果你的手放在操縱桿上、五隻手指緊握，然後每一次碰到亂流的顛簸都試著反應，你就會發生我們所說的飛行員誘導震盪（pilot-induced oscillation）。這需要很大的修正，這是不安全的而且會讓情況惡化。這不是你與變化共處的方式。當碰到顛簸的情況時，我們鬆開操縱桿，只用幾隻手指控制。」

不幸的是，研究顯示有超過一半的員工表示，他們的主管在碰到前景不明且高壓的情況下，會變得更保守且控制慾更強。在思考領導一個團隊度過不確定性的時期這件事上，馬拉考斯基所分享的經驗，是很好的類推。如果身為領導者的我們，在危機時期和變化對抗，或是試著控制員工工作的所有細節，我們通常只會讓事情惡化。如果主管可以鬆開控制，抱持著開放與好奇心，長期下來，這些主管會更成功並且可以讓團隊團結在一起。

我們再來想像一下布雷特・費雪跟麗莎的的情境。那天在商店裡肯定很忙碌，而且布雷特身為經理，一定是承受著需要有好業績的壓力。但他沒有從房間的另一端用手勢畫圈叫麗莎動作快一點，或是自己接手收銀工作，或是從那時起給她許多該如何工作的複雜指示；而是花那幾分鐘和麗莎進行關心且專注的一對一對話。

身為領導者，在情況緊迫的時候，我們是否總是開始對細節斤斤計較？

塔莎・歐里希（Tasha Eurich）是組織心理學家，她寫了跟自我察覺有關的著作，她自己也患有焦慮症，她告訴我們，領導者必須活在危機的當下。「我們現在身處於某種不確定感中，例如，在疫情大流行的時候，我們擔心著，什麼時候會有疫苗，我什麼時候才能回到辦公室？我們沒有答案。但是我能控制的是，我所擁有的那一天，或是我所擁有的那一刻，這可以減輕我所體驗到的壓力。」

「如果你有焦慮，在你腦中的一切在每天晚上睡前都在加速運轉，所以我會強迫自己想一下最棒的明天會是什麼樣子，實際上可能發生的事情是：也許我會接到老朋友的電話，或是有客戶來詢問合作意願。你要為自己規劃一些希望和樂觀的事情。你對自己說：『一切都會好起來的。』」

進一步思考歐里希博士的論點，請注意到，團隊領導人可以偶爾讓他們的團隊成員知道，他們也會感到手足無措，甚至可能需要一些幫助。承認自己的焦慮，展現身為老闆也有這樣脆弱的一面，將在很大程度上幫助你的團隊成員，讓他們在自己需要幫助的時候可以敞開心扉。

方法三：確保每個人都清楚了解你對他們的期望

這聽起來可能很基本，但是當員工不了解他們每天需要做到哪些事情時，就好像是在焦慮上提火澆油一般。對於這個建議，主管們可能會這樣回應：「我的員工當然知道他們該完成哪些工作！他們都有職務的敘述與工作的範圍。他們還有應該要達到的 KPI 跟目標。」每一個人都該有一組特定的工作目標，但是我們訪問的團隊成員一次又一次的告訴我們，他們苦於不清楚主管對他們真正的期待是什麼，以及不確定目前所做的事情是否有助於達到目標。

從我們為了本書所訪談的員工身上，可以證明他們的焦慮源於工作的細節，而這些細節通常被主管認為是無關緊要的。通則是，**如果員工詢問有關細節的問題，就代表他們不清楚流程。**我們的幾位年輕受訪者確實都抱怨他們的在職訓練，這些訓練比較像是提供概述，而不是針對某個工作崗位上的人該如何使用軟體、遵循程序或是使用系統。我們的千禧世代代表安東尼說：「在我做過的一些工作中，我被丟到山谷底，沒有人對我解釋細節。所以我有很多時候會想，『喔！不！我只能開口問這該怎麼做了，這已經是我第三次問這個問題了，也許我不適合這份工作。』最後，這些細節都融入我的工作習慣中，也許這就是為什麼從來沒有人向我提到這些事情的原因，但是這些是我在工作中，覺得最難達到的事情。」

是的，人在工作的時候可能會有工作目標。但是，正如安東尼所敘述的：當員工缺乏關於如何實現目標的的適當引導，當沒有人花時間示範最有效的工作方法或是提醒他們要避免常見的錯誤，或是當主管未能協助他們面對工作中的挑戰時，焦慮的狀況就會加劇。

另一位年輕員工向我們透露，「我最希望的事情是我的主管可以偶爾花幾分鐘，幫助我排定工作的優先順序，以及，也許讓我知道我有多少空間可以自己做決定。」所有領導者都需要再讀一次這段話。

在許多情況中，老闆都認為他們清楚地傳達了他們的期望，但是實際上，他們表達的一點都不清楚。這可能導致員工失去動力或是失敗。但是最好的領導者在意識到自己的表達不夠清楚時，會展現負責的態度，導正自己的錯誤，然後試著更清楚地解釋員工需要做的事情是什麼。

人力資本管理公司 peopleHum 的執行長兼創辦人迪帕克・納奇納尼（Deepak Nachnani）表示，在不確定性高的時期，長遠的目標應該大幅縮短為短期目標。「對未來想得太遠會導致壓力，進而讓焦慮感加劇。當我們的公司處於試著生存下來的狀態時，我們會以每週為期設定目標。『我們下週要做什麼？』這種時候你不會談長期目標，你會讓員工專心在非常短期的目標上，這樣消極的想法就沒有機會進入他們的腦海。」

方法四：讓團隊專注於可控制的事物上

有一些因素雖然會影響某位員工的績效、某個團隊或某家企業的未來，但是這些因素完全超出個人可控制的範圍。經濟衰退很可能會影響銷售，關鍵供應商的問題可能會導致你的產能與產品交付給客戶的速度變慢。當團隊成員將注意力聚焦在他們無法控制的事情上時，焦慮就會增加。**有效領導就包括幫助員工認識到他們無法改變的事情，並引導他們將注意力集中在他們可以改變的事情上**，這比去針灸更能夠舒緩它們的壓力。

我們曾經去訪問某個客服團隊，這個部門被分配負責美國的一部分市場區域。在焦點小組討論的時候，員工指出公司用陳舊的系統來控管作業流程是一個痛點，沒有一位團隊成員可以跟上需求，他們對此很沮喪。

儘管如此，該團隊在工作品質的指標上是獲得了高分。員工告訴我們，他們非常感謝團隊的領導人，她有效地緩解了他們需要達到期望的工作速度所導致的焦慮。她指導她的成員接受系統就是這樣，在美國其他市場區域的作業系統也沒有比較快。她鼓勵團隊成員將注意力集中在**準確性**上。她吸收了來自高層的砲火，並幫助她的團隊專注於他們每天**可以**完成的工作。她幫助大家規劃可行的工作進度表並鼓勵他們以此為目標，在每週結束時，他們會一起慶祝以質取勝的工作成就。

她說：「我們可以控制的是我們的職業道德、提供的產品品質，以及我們如何對待團隊中的彼此與客戶。」這位老闆讓她的員工做的事情叫做「情緒接納」（emotional acceptance）。她並沒有試著用正向思考來將壓力的感受壓抑下來，這往往只會讓事情惡化。反之，她重新整理了團隊成員的代辦事項清單，將重點放在他們實際上可以掌握的事項上。

不幸的是，模糊或不切實際的目標在當今很常見，達不到的目標或是不清楚的目標通常是用於逼迫團隊展現接近極限的能力。但是，當大家一直都失敗時，就會導致職業倦怠、抽離，以及達不到目標所造成的強烈焦慮。這位領導者能夠向每個人解釋他們個別做了哪些有價值的貢獻，這讓一切都變得不同了。

有一種方法是重新規劃員工的代辦事項清單，讓每一項事項都包含一個代表行動的動詞，例如「一小時內**回覆**電話」。如果你無法為某項目標找到具體對應的行動與動詞，就表示這項目標超出了一個人可控制的範圍，這可能會造成過度的壓力。舉例來說，如果一項工作目標是「良好的電話習慣很重要」，就是模糊的，且可能會對團隊成員造成更多的壓力。

方法五：先做再說

「為了幫助我們的員工自我調節他們的焦慮，我們向他們示範如何接受風險，並且勇於採取行動，」史丹・蘇維奇（Stan Sewitch），美國清潔產品公司 WD-40 Company 的全球組織發展副總解釋。「其中一種釋放壓力的最佳方法，且已被證明可有效降低交感神經衰弱，就是行動。這可以包括腦力的使用和身體的行動。」

當團隊內普遍都奉行「先做再說」，即使前方有著不確定性，成員也會比較不害怕做決定與往前進。在這樣的工作文化中，大家不會花好幾天、好幾週或是好幾個禮拜來爭論他們的策略是否是唯一合邏輯的方法。他們會勇於執行，並且意識到並非一切都會完美。他們也不怕因做出錯誤決定而被追究責任。這個概念重要到零售巨頭亞馬遜（Amazon）將「先做再說」（Bias for Action）列為組織的核心價值之一，該公司宣稱：「速度在商業中很重要。許多決定和行動都是可逆的，所以不需要太深入研究。我們非常看重甘願冒險的行為。」

然而，太多人在碰到不確定的狀況時會僵住、無法決定要走哪一條路，擔心他們會因為一次錯誤的決策而被追究責任。蘇維奇繼續說明，領導者的角色是要第一個說出真相，讓他們的員工可以掌握所有的可用資訊，也就是告知員工「這些是我們知道的」與「這些是我們所不知道的」，然後，鼓勵和引導團隊成員行動。領導者也會因此樹立榜樣，人們更傾向相信他們從領導者身上所觀察到的行為，而不是他們從領導者那聽到的話。「讓員工知道你看到哪些地方是有進步的，這很重要，因為他們自己可能沒有意識到，然後慶祝這些成就。最後，不要因為那些帶來珍貴學習經驗的失敗，或是我們所說的學習的時刻，而懲罰他們。」

WD-40 Company的執行長蓋瑞．李奇（Garry Ridge）向我們解釋「學習的時刻」這個概念：「學習的時刻是指公開分享將任何決策、行動或是事件的正面或負面結果，幫助團隊集體知識成長的舉措。」他繼續說明，「這可能是一段挫折的時期、靈感爆發的時期，或是合作的突破期。在這段期間大家可能會發現意外的問題、發現某個機會，或是在某項新作法上失敗，然後向彼此分享、交流他們所學到，而不用擔心會因此而遭到懲處。」

「我們不要求完美。追求完美不會帶來好的結果，只會阻止人們採取行動或是冒險。我們希望大家可以帶著好奇心去實驗，並且適應結果的不確定性。」里奇接著解釋了他自己關於學習時刻的領悟：「當我在活動中被介紹時，我們公司的聲譽往往超過我自己的名氣。主持人可能會說些介紹我的好話，然後我會說，『讓我告訴你們真相。我是 WD-40 Company 的董事會主席兼執行長。我自覺有很多事情我都力有未逮，而且在很多事情上我大概都是錯的與大致正確而已。」很明顯地，要打造不怕行動、不怕學習並且不畏懼進化的組織，最重要的前提就是謙虛。

方法六：給予建設性的回饋

這是一句人人都信守，但是很少有領導者實踐的格言。提供建設性回饋的基礎，是和團隊成員一對一針對表現與發展進行面談，但是這件事情本身就可以發揮降低焦慮的作用，所以提供建設性的回饋是非常重要的。我們碰過的那些最高效領導的主管都不怕給予公平且嚴厲的指導。但是根據《富比世》雜誌的調查，每十位主管中，就有九位說他們避免給他們的員工建設性的回饋，因為他們擔心員工會有不好的反應。有趣的是，同一項調查也發現，在現今的員工中，有大約65%對於他們老闆針對個別員工所給的建議覺得很失望。

我們會建議領導者在提供建設性的回饋時，遠離常被推薦的「三明治法」（sandwich approach），也就是將一項負面的回饋夾在兩項正面的回饋中間。在這樣的情況下，建設性的反饋可能會被淹沒在讚美之中，或是員工可能只會注意到負面的意見。這是不對的，最好的建設性回饋包括改進的具體概念，而不是泛泛之談加上一些適當且有意義的讚許。

一位我們指導的客戶承認他一直都不太擅長給予回饋，但是他願意再試試看。他一開始的其中一項嘗試，是與一位幾次都未能在工作期限前完成工作的員工溝通。他向我們描述了與她的私人對談：「我注意到在過去幾週裡，你的工作方式和工作成效有些不同。我知道你平常有多專注於工作上，也知道你非常有動力，所以，我想知道你是否有什麼問題需要我幫忙的。」我們告訴他，這樣做很棒。他直指重點且公開點出問題，沒有迴避，但他也讓她知道，她的工作對團隊來說具有很大的價值，他還提出與她一起解決問題。

這位員工承認在工作以外有一些個人的問題，這位主管也感同身受，聽完她解釋後，他讓她休息幾個下午來解決這些問題，他們也一起排定接下來幾週她工作的優先順序。他們維持每週開會，不久之後，她在某個專案的期限之前完成了工作。我們鼓勵這位主管公開表揚這項成就，他在下一次員工會議上也這樣做了。他說，她很自豪能夠與團隊分享她成功完成工作任務的過程。

當我們詢問領導者，為什麼不依照員工的期望給予明確的回饋時，他們經常告訴我們，這不只令人不舒服，而且很耗時。他們說：「沒有人想聽到自己做錯了哪些事情。」我們明白。在公司體制內工作時，曾經有一位員工，在我們引導他改善和同儕的合作時，他不相信自己有問題。他是執行長的朋友，所以我們只好小心地處理這件事。下一次在指導他的時候，向他詳細說明我們期望的行為標準，並提供了他在哪些地方沒有符合這些期望的事實，以及公司其他同儕（經他們許可）對他的真實看法。這位員工仍然懷疑這些說法。為什麼這些同事不自己告訴他這些話呢？他離開會議後，他去找那些同事當面對質。然後，這些人全部都像是西班牙宗教裁判所拷問台上的犯人一樣退縮了。他們都同意，是的，他是一個很好合作的人，而且，是的，我們一定誤解了他們所說的話。這位員工於是很高興地回到他自己的妄想中。

我們體悟到，有很少比例的人永遠都不願意接受別人指導。他們想要的是認可，而不是成長。領導者可以繼續有耐性地試著讓這些人參與指導的過程，但是到某個時間點，我們就必須決定，這些人是否適合他們所在的崗位。在這種情況下，這位無法跟他人合作的員工最後因為團隊成員對他的抱怨多到無法忽視，而在「重組」中離開了（那時我們有了新的執行長）。

就算會有這些不受教的人，我們還是必須幫助我們的員工進步與成長。對於培養團隊成員的心理素質強度和心理韌性來說，回饋的意見不論正面或建設性都是必要的。建設性回饋的重要性在於，它可以釐清你對員工的期望，人們會從改進的過程中建立自信心，並且幫助團隊成員從錯誤中學習與恢復（我們每個人都會犯錯）。而且，隨著時間過去，你們對於這樣的對談將會越來越自在。當這成為團隊的常態時，大家就不會覺得改正是針對個人。這只不過是團隊運作過程中的一部分，這也是為什麼這些一對一面談的對話應該要正向且誠摯地傳達建設性建議，不該是帶著緊張或尷尬感。

整合這些方法

多瑞亞・卡瑪拉薩（Doria Camaraza）是美國運通的資深副總裁與管理美國佛羅里達州羅德岱堡、墨西哥首都墨西哥城與阿根廷首都布宜諾斯艾利斯美國運通客服中心的總經理。她領導的龐大團隊由幾千位專業客服人員所組成，經歷了超過十年以上的長期變動與不確定性。卡瑪拉薩是其中一位我們共事過最棒的領導者，針對信用卡產業所面臨的爆炸性改變她都如實且透明化地溝通，並且向她的員工承諾，只要一知道事情可能會發生變化，她就會立即告知他們。她正式鼓勵領導團隊奉行的一些價值觀包括：「我們公開、誠實與坦率地溝通」、「我們尋找解決方案而不責備」和「我們試圖讓大家參與會影響他們的決定」。

卡瑪拉薩會和團隊分享負面的新資訊，但也會給他們足夠的希望。她向她的員工解釋，公司維持自己營運客服中心而不把客服工作外包給第三方的理由，讓他們清楚知道他們需要做到什麼樣的工作表現，尤其是在即時性、準確性以及成本方面。

許多領導者會迴避和員工討論那些殘酷的事實。他們害怕這樣的討論可能會讓員工感到沮喪，或是讓他們想逃開。但是，正面面對事實可以讓員工感到自己被接納進入核心圈，可以和大家一起腦力激盪想出面對挑戰的解決方法、模稜兩可的溝通要麼只是延長了最終無法避免的壞消息，要麼是擴大了不信任的鴻溝，或兩者皆是。

和商業管理公司Simplus的執行長萊恩・偉斯特伍德（Ryan Westwood）的談話，對我們有很大的影響，他談到了焦慮與不確定性之間的連結。他說，「現今的領導者有一種不被信任的天性，」這是一個強大的認識，我們真希望每一位主管都知道這句話有多真實，偉斯特伍德接著說，「你必須證明你值得信任。碰到這次疫情大流行的衝擊時，我們做的第一件事情就是削減高階主管的薪水，這也包括我自己。我們很早就溝通這項作法，這所傳達出的訊息，是我們願意做犧牲。」

但是，危機爆發三個月後，這位執行長和他的團隊意識到，他們不得不做一些困難的決定。「我們召開了一次全員大會，參與者包括全球五百多位員工。我告訴所有人，我們曾經試著在不裁員的情況下度過難關，但是我們現在不得不做這樣的決定，而這會影響到大約3%的人。」他向大家解釋這些裁員的必要性，向大家展示數據做解釋，以及說明針對那些受到影響的人，公司後續有什麼樣的計劃。「事後我收到很多訊息寫：『我在這裡從來不擔心自己會被蒙在鼓裡』或是『我總是信任你會對我誠實以告』，我感到驚訝。」因為他的團隊團結起來讓影響降到最低，最後實際的人力削減只有1%。

開放的態度，尤其是在處理敏感議題的時候抱持開放的態度，實在是太少見了。當我們為企業組織提供諮詢時，我們發現許多領導者都未能誠實幫助員工了解他們在組織內是否有穩固的未來，或是他們若持續向上發展什麼時候會碰到天花板。例如，有一家製造廠的人力資源經理已經工作了二十年，累積了對他能力的認可和該有的執照證書，他計畫在人力資源副總裁退休時接任他的職位。這天終於到了，於是他遞交這份高層職位的申請，但是卻只收到執行長寫的一封電子郵件回覆，信中寫道：「我們沒有辦法支持你擔任這個角色。」沒有任何說明，也沒有面對面的坦率溝通，二十年的工作資歷只換來這一句話，這一句話將永遠影響他、他的同事與他的家人對公司的看法。相較之下，我們在美國運通客服中心的訪談中，驚訝地發現卡瑪拉薩所管理的團隊領導人似乎都被規定要誠實為上，讓員工知道他們在公司的發展可能性與職涯潛力，就算這樣明確的溝通可能會導致某些人決定離開，仍然必須要以誠實為優先。讓某人盲目地划向未來，從來都不是一個好主意，不論是對團隊成員或是組織來說都是如此。

以我們所見證的那些最棒的團隊來說，要達到那樣的透明程度，就必須讓員工擁有他們可以向上溝通的管道，不僅是與他們的團隊領導者溝通，還要能夠和管理高層溝通，並且要讓員工知道，他們的意見有被聽見。我們都看過老闆試圖用輕描淡寫的方式和員工建立連結，「哈囉你好嗎喔我很好」不會帶給任何人心理暖烘烘的感覺。如果沒有真正的聆聽，那些想就公司面臨的問題提供解決方案的員工，將被勸阻打消念頭，連嘗試這一步都無法踏出去。

在導入向上溝通方面成效卓越的領導者是詹姆斯．羅傑斯（James Rogers），他曾擔任杜克能源的總裁兼執行長。羅傑斯以善於處理棘手的議題聞名，他發起了「傾聽會議」的制度，這是有多達一百位主管參與的會議，為時三小時。你可能有看過這樣的會議，而會議的結果通常是有好有壞。羅傑斯的會議效果是好的，這也許是因為他在活動一開始時，請每個人透過電子投票設備，以A到F的級距為他匿名評分。結果會即時出現在螢幕上，每一個人都可以看到。他的分數通常都不錯，但是只有不到一半的員工願意給他「A」。

他將這些回應牢記在心，然後每一次的聚會，他都會用這項評分活動做開場。他也會問一些開放式的問題，例如，他們在第一線工作中看到什麼，以及，有什麼是羅傑斯可以幫忙的。有點諷刺的是，羅傑斯發現他的大多數主管都認為「內部溝通」是他需要改進的地方。正如羅傑斯所發現的，向上回饋也包括吸收這些批評，就算這些批評直言不諱、針對個人，而且是來自於那些在你的公司為你工作的人。就像羅傑斯所示範的，這代表你該參考這些意見改善你的領導風格。而在當下唯一適合或必要的回應，是「謝謝你的意見」。

萊恩．偉斯特伍德（Ryan Westwood）也會舉行這類公開提出建議的會議，他表示，這些建議有時候會讓他大開眼界。「我們曾經規劃一個專案，以員工再進修所拿到的認證為基準，而提供他們獎金作為獎勵。我們的領導團隊對這個專案非常有信心，然後我和一群員工分享這個專案，結果他們說，『萊恩，這太爛了，我們對這個專案沒有什麼好說的。』我很震驚。」偉斯特伍德於是問這群員工，如果由他們來決定的話，他們會怎麼做；然後他回去後，和團隊依照這些建議重新設計了專案的機制。他說，「這些員工都成為贏家，因為這個專案現在是**他們的**專案。這個專案非常地成功，我們看到員工獲得認證的人數增加至原本的四倍。」

如果要給不確定性一個正面意義的話，那就是不確定性賦予了「每個人的意見都需要被聽見」的必要性。

哈佛商學院的艾美．艾蒙森教授（Amy Edmondson）告訴我們，「如果我們有一個完美藍圖，或是有一顆水晶球可以預言領導者的樣子，我們就**不需要**聽取員工的意見了。儘管心存疑問，但正是不確定性的存在使人們可以暢所欲言。因為有不確定性，所以幾乎每個人的意見都有其必要性。只要你承認前方的未來是未定之數，不確定性就變成給你安全感的夥伴。」

卡瑪拉薩告訴我們，溝通是這個過程中的關鍵。「在我們的團隊中，我們會傾聽與說明。有時候，可以將員工的建議納入策略中，有時候沒辦法這樣做。有一些來自比我們高階管理團隊所做的決定是我們喜歡的，也有些是我們作為團隊領導的角色可能不認同的，但是你永遠都必須要向員工解釋緣由，並且誠摯地傾聽他們的意見。」這樣一來，無論發生什麼事情，無論好或壞，我們都可以整個團隊，一起面對不確定性。

戰勝「不確定性」的領導力

- 不確定性會觸發人的各種反應，常見的是對工作表現造成負面的影響。對於現今的員工來說，最普遍的不確定因素，就是「這份工作是否可以繼續做下去」。
- 當主管未能清楚向團隊說明組織所碰到的問題，以及這些問題將如何影響團隊與成員的時候，不確定感就會加重。
- 員工的不確定感，也有很大一部分是和他們的工作表現與未來發展有關。例如，「我的工作表現如何？」以及，「我在這份工作是否會有好的未來發展？」領導者透過一對一定期與員工面談，來評估員工的工作表現與成長的可能性，將可以避免團隊成員誤判自己的狀況，並強化他們對組織的參與與投入。
- 領導者可以使用這些方法來減少不確定性的影響：

①讓員工安心於，不知道問題的正確答案也沒關係。

②辛苦面對挑戰的時候，要鬆開你對團隊的掌控。

③確保每個人都清楚知道，你對他們的期望是什麼。

④ 讓團隊專注於那些可控制的事情上。

⑤ 鼓勵員工勇於採取行動。

⑥ 提供建設性的回饋。

第三章

事半功倍：協助團隊成員面對工作量超載

你沒辦法平息風暴，所以請停止嘗試。
你能做的就是平息你的內心，而風暴終將過去。

——汀柏·霍克艾（Timber Hawkeye）

美軍的海豹部隊是全球最精銳的特種部隊之一，要成為海豹部隊的一員，新兵必須通過所謂的「地獄週」。在這四週的基礎訓練中，新兵需要經歷五天五夜的訓練，而且在這段期間總共只有四個小時的睡眠時間。

布蘭登·偉伯（Brandon Webb）通過了這項考驗。雖然很多人會假設體格強壯是那10%到15%新兵得以完成訓練的秘訣，但是布蘭登說，「海豹部隊訓練真正考驗的是你的心理素質，訓練設計成一次又一次將你的精神推向極限，直到你變得更堅強，堅強到無論前方有任何困難，你都可以有信心完成任何任務。如果你的心智不是變得更堅強的話，這個訓練就會將你的精神推到極限，直到你崩潰。」

根據著有《*Seeing Around Corners*》的哥倫比亞大學商學院教授莉塔．麥奎斯（Rita McGrath）表示，研究人員在試圖通過海豹部隊培訓的訓練生身上，發現兩種行為的原型。第一種是「任務者」（Tasker），他們希望可以將魔鬼般的這週所接到的每項工作任務都完成，然後在可以休息的時候休息。另一種是「優化者」（Optimizer），他們會想像，在白天的時候所有的工作任務依序排列好，然後思考每一項任務他們該投入多少時間跟精力。

其中一組的表現優於另外一組，如果要你猜，你會猜哪一組人更常退出訓練，「任務者」還是「優化者」？麥奎斯告訴我們，「退出的人絕大多數都是優化者。他們專注在大局上，然後不休息，他們永遠會想著接下來要做的事情。任務者成功的秘訣，在於他們把這整個訓練分解成一塊塊的區塊。就是任務、休息、任務與休息。」

俗話說，如果你要吃掉一頭大象，你不該試著一次就吃整頭大象，你必須要把牠切分成容易消化的分量。運動員也使用這種分塊的策略。查爾斯・朱（Charles Chu）在他的網路期刊《*Open Circle*》寫到，「你會看到許多超級馬拉松運動員和鐵人三項運動員這樣做，他們會專注於下一個直接的目標，例如視線內的下一個標的，並且避免他們的心思跑去思考整場比賽。」

領導者該從中學習的是：我們有許多員工都因需要完成的工作量快要把人壓垮，而感到到工作量超載。任何主管都可以嘗試的第一個方法，是幫助團隊成員將工作細分成理想的每一份工作量。當然，這只是幫助減輕工作量所造成的心理重擔的眾多策略之一。在本章中，我們將分享這些策略，以及探討如何讓這些策略發揮最大的效益，降低團隊成員的焦慮程度且增加韌性。但是很重要的是，我們需要先來釐清一些關於工作量超載常見的錯誤概念。

員工無法完成任務的常見的迷思

關於工作量超載最常見的迷思是：許多主管認為這是個人的問題，他們想著，「喔！他就是跟不上。」全球人力資源公司 Robert Half 在二〇一九年做的調查顯示，光是在美國，就有91％的員工都曾經歷過覺得自己筋疲力盡的時候，且將此定義為因為工作而身心俱疲。這就清楚指出，工作量超載是更宏觀的問題，而不是微觀的問題。

一些主管認為，這個問題的核心是因為這些員工缺乏心理韌性。但是在員工之中，那些心理韌性最強健的人，也有很多是經歷過職業倦怠的人。醫療照護專業人員就是一個例子。正如華頓商學院的亞當・格蘭特（Adam Grant）教授在《紐約時報》所說的，「超過一半的醫生和三分之一的護士，都經常感到職業倦怠，」這還只是 COVID-19 發生前的狀況。在疫情爆發期間，醫生與護士對工作的奉獻令我們敬佩，他們在地獄般的狀況下長期和疫情奮戰，他們可以說是地球上最有韌性的一群人。

知名醫療機構克理夫藍醫學中心（Cleveland Clinic）的經驗長阿德里安妮・布伊西（Adrienne Boissy）醫學博士就是說明這一點的最佳案例。「我在大學時有三份工作，完成了四年的實習，接下來有兩年我有獎學金。我完成了生物倫理學的碩士學位，並且成為一位精神科醫生。那段時間，我搬了好幾次家，揮別了許多人際關係，我因為工作，而錯過了好幾次朋友和家人生命中的重要事件。」她總結道：「韌性，是指你可以從困難中恢復或是在困難中展現彈性的概念，也是一位臨床醫生所必須的。這條路本身就會篩選出能通過這一路上的考驗以及容忍這一切的人。」

布伊西很困惑，為什麼大部分企業用來幫助員工，面對壓垮人的工作量的方法，都是以「修復」這個人為主，例如提供冥想和瑜伽課程，或是睡得更好、健康飲食與維持生活條理的技巧。雖然這些方法可能可以有效減輕壓力和紓緩焦慮，但是這些方法都忽略了最核心的問題：公司組織聘僱更少的員工來完成工作，並將壓力提高到不健康的程度。結果就是：員工永遠都不可能跟上進度。

聚焦在個人，是將焦點從背後真正的問題轉移，也就是員工被指派的工作量，以及員工被管理的方式與被要求要完成的工作量，更不用提明確的現實是，我們需要更合理的計算方式，來評估完成工作任務實際需要的人數。

把壓力當成工具

我們常聽到的另一個誤解，是工作量超載有助於提升生產力。在短時間內的關鍵時刻，這實際上可能是正確的。人體會為了因應壓力而開始燃燒燃料來釋放能量，這會激發我們面對立即威脅的反應速度。但是若是關鍵時刻變成了平常的狀態，就會給團隊成員造成過多的壓力。而研究顯示，慢性壓力會導致身體耗損，增加焦慮症的風險，以及癌症、糖尿病與失智症等年齡相關疾病的風險。

關是一家技術公司的中階主管，是我們指導的企業主管的客戶。在我們第一次碰面時，關就哀嘆他的處境：「我的團隊為了更新我們的SAP系統每天工作十六個小時。我們用比以往任何團隊都更快的時間，完成了更新，我們也以這次系統升級為榮。」但是，這卻導致一個問題，當領導者看見關的團隊以難以置信的時間完成工作後，這就成了他們的新標準。「現在，」關說，「公司期望下一次的升級要提早10%的時間完成。我在上次升級時，努力逼著我的團隊要提早完工，這是我的錯誤。」

領導者往往未能意識到，在越來越短的時間內，不斷要求員工做更多的工作，只會讓員工覺得沮喪、增加不信任感、引起憤怒，並且，導致無數的員工職業倦怠。然而，團隊主管常常告訴我們，他們沒有時間去幫那些工作量超載的員工，因為他們自己都自身難保了。「他們只能學會自己振作起來」這是我們常聽到的一句話。但是，如果老闆沒有意識到工作量超過負荷對團隊成員的影響，就很有可能會讓情況惡化，而且老闆也可能忽視了工作量超載會侵蝕團隊的工作表現。提供暫時性的解方例如放鬆的方法，雖然暫時性會有效，但實際上卻可能加重員工的焦慮，並且讓他們更憤怒。

工作量超載正在讓公司損失大量的工作時間、營業額並導致醫療保健費用增加。根據蓋洛普（Gallup）的一項調查顯示，感到身心俱疲的員工請病假的可能性高了63%，離開現任雇主的可能性是其他人的2.6倍。與此同時，根據貝恩策略顧問（Bain & Company），在美國每年因身心俱疲的員工，其心理和身體問題導致的醫療保健支出加總高達一千九百億美元。因此，在員工精疲力竭之前或是被迫換工作之前，幫助他們，對公司的生產力會有很大的幫助。

員工善於隱藏壓力

最後要提的一個誤解是，一些主管告訴我們，他們的員工不願意承認，他們快要筋疲力盡。如果團隊成員試圖隱藏他們日益嚴重的焦慮，老闆該怎麼知道存在著個人工作量超載的問題？嗯，這就是職場中的鴨子綜合症，但是，這也代表主管需要更主動積極地面對這項問題。放任工作量超載升級成焦慮與工作倦怠，會對整個工作團體造成負面的反彈效應。哈佛心理學家哈利．李文森（Harry Levinson）羅列了工作倦怠的症狀：**慢性疲勞，為了努力達到主管的要求而自我批判；對那些造成你負擔的人感到憤怒；憤世忌俗、消極與易怒；以及有種被困住的感覺**。這些症狀都不利於團體精神。即使只有一位員工有這些感受，在他向他人抱怨的時候，就會拖垮整個團體的士氣，「你不會相信他們現在要我做的事情。」

可悲的事實是，很多公司內部的狀況，存在不切實際的工作量與不切實際的完工期限。主管常常告訴我們，他們對此也無能為力，他們不是決定這些大目標的人。然而，我們發現，分配給團隊能符合他們實際可以承擔的工作量，往往是做得到的。有時候，這可以透過主管與高層談判，並提出令人信服的理由來做到，或是，如果談判失敗，則可以招聘額外的員工或短期人力。減少過多的繁文縟節也是一個方法。

我們在健康照護產業可以看到，員工工作量超載已成為主要的問題。如果你想聽到醫療專業人士的咒罵，就問他每一年花多少小時將所有可以想像得到的細節輸入到病人的電子健康紀錄，或是那些他們必須填寫以更新他們的醫療執照、在醫院的行醫權、藥品處方權等等的表單。甚至在COVID-19疫情發生之前，這個產業的職業倦怠問題就很嚴重。我們發現健康照護機構幫助其員工控制自己不要筋疲力盡的最佳方法，就是改變導致疲勞的因素，也就是減少數位化的需求。

有一些所有主管都可以做的事情，可以減少繁文縟節並且給予團隊成員很大的自主權，例如，在公司同意下進行簡化團隊的工作流程，或是將必要的文書工作分配給某一個喜歡做這些工作的人（這也代表主管需要了解每位員工工作的動力來源）。

雖然領導者的最優先工作，是盡所有可能讓員工的工作量更符合實際的生產力期望，但是我們也意識到，在很多情況下，要針對工作量有實質性的改變根本不可行。如果這時，你正在想著，這在你的公司就是行不通，那麼，我們接下來將提供給你一套方法，讓你可以幫助你的團隊成員改善他們面對工作量目標的方式。

方法一：規劃清楚的路線圖（Roadmap）

針對員工因工作量超過負荷所導致的焦慮，其中一種幫助員工減緩焦慮的方法，是為團隊中的每個人制定明確且可實現的目標。而且，我們發現有許多領導者不是由上對下的角度將工作任務分出去，而是根據員工的回饋和員工一起決定目標。

我們很少看到團隊成員是依照可以重複參考、完善且易於理解的路線圖來工作，這份路線圖應該要明確指示在什麼時間（週／月／年）內完成工作。綠山咖啡公司（Keurig Dr Pepper）的人資長瑪麗・貝絲・德努耶（Mary Beth DeNooyer）在訪談中告訴我們，他們公司的兩萬名員工每天都在個人化的框架下工作，這些框架提供明確的資訊，並且幫助員工減輕焦慮。這些路線圖中除了具體的個人工作目標和重要里程碑以外，「它們還包含我們公司的願景：也就是從宏觀角度來看，我們試著達到的目標，」她說。「我們還放入公司的價值觀，也就是我們的團隊該如何合作；以及能力，也就是個人該如何獲得成功。」

德努耶說，這些框架就像是員工可以參考的定錨，幫助他們判斷事情的優先順序並避免挫折。「大家會把它們掛在他們的佈告欄上或是設定為螢幕保護程式，」她補充道。「然後，當這個世界好像要著火時，他們可以往後靠在椅背上，然後說，『好吧，這件新的事情有在框架內嗎？』如果沒有，他們可能就不需要處理這件事了。」

作為規劃路線圖的新步驟，讓整個團隊都參與決定團隊目標的過程，是非常有效的方法，這有幾個關鍵的原因。首先，團隊成員比老闆更了解個別任務需要花多少時間來完成，以及在完成任務的過程中可能碰到哪些阻礙；當一位主管真正聽取這些意見時，將有助於減少未來不必要的壓力。

第二，透過整個團隊公開透明地一起決定目標，每個人也可以更理解什麼是最關鍵的優先事項，並調整自己以和團隊同步。

第三，研究顯示，讓團隊對共同目標有比較強的控制權，將有利於成員提高投入程度與生產力。我們已經知道這點一段時間了。舉例來說，在一九三九年，庫爾特．勒溫（Kurt Lewin）進行了我們認為是第一項確認群體期望是否會提高工作成果的研究，地點在維吉尼亞州的哈伍德睡衣工廠。幾組工人團隊被賦予決定他們自己的工作目標的機會，參與者每週開會三十分鐘，討論他們所碰到的挑戰，並且共同討論，他們是否準備好提升生產效能或是該維持原狀。

在每週的例會中，很明顯看到工人們正在用不同的方法來完成生產線上相同的任務，這讓流程優化且標準化，進而提高了生產力。在每次會議結束前，小組會投票決定是否增加每日的產量、增加多少，以及在哪些時間區段增加產量。結果，他們最終投票決定將產能從每小時75件提升到87件，以五天為期。幾週後，他們同意可以再次增加產能，在接下來的五個月中，這些小組維持了成長後的產能，並且超越過去所有的產能表現。勒溫相信，這種民主決策的方式是生產力成長的關鍵。事實上，後來測試的小組，採非民主投票，而是由一位主管訂定目標的方式，生產力的成長就無法與前面測試的組別相比擬。

我們發現像這樣共同決策目標的過程也可以建立團隊精神。西北大學領導力研究中心的主任亞當・古德曼（Adam Goodman）曾經寫道：「以共同的目標一起工作，而且這個目標也是你願意投入的，將會形成強大的連結並促進團隊合作。」就像勒溫所觀察的小組成員，開放且互相討論有助於建立共同的願景；而且根據我們的研究，當員工很容易在工作與團隊或組織的願景間找到連結時，會比較不容易產生職業倦怠。這會讓他們感到自己的工作具有其重要性而且可以帶來真正的改變。

方法二：平衡工作量

我們剛剛描述的共同決策的路線圖，有一個重點是必須確保團隊成員之間的工作量是平衡的，以避免某些成員被工作的重擔壓到喘不過氣。在我們訪談的許多團隊中，我們都看到一些壓力過大的苦勞員工，每週都工作七十小時，但是團隊中卻有其他人是逍遙自在，每天準時五點回家。

主管如何做到讓團隊中的每個人都負責適當的工作量？

綠山咖啡公司的德努耶補充說，她定期監控團隊的工作量，試著打造一個在工作量高峰的時候成員可以互相幫忙的環境，以確保沒有人太常發生工作量超載的狀況。「我每週都會與團隊接觸，當我發現事情變得過多時，我會說：『好吧，工作的清單上有哪些事情？然後，哪些事情是必須由你做的？哪些事情是可以分給其他人做的？哪些事情可以等？』」透過這種平衡的方式，她可以有條不紊地確定下一週的優先事項，且對於必須做的權衡取捨、可以推遲的工作與可能需要哪些人參與，都維持公開透明。

雖然如此，我們知道有一些焦慮的員工在本質上會驅使自己要承擔越來越多的工作，因為他們工作的意願非常強烈，主管可能傾向於過度依賴這些人。這些人最後會負擔不成比例的繁重工作，直到他們受不了為止。然而，將工時與生產力混為一談是很危險的，這會在團隊中製造更多的焦慮。工時不等於工作成果。有些員工在平常的工作日中可以完成驚人的工作量，然後在五點離開辦公室，這並沒有問題。3COze Inc. 共同創辦人莉安．戴維（Liane Davey）說：「重要的是要讓你的員工了解，你沒有將工時和生產力混為一談。」做到這一點的最好方法，是公開表揚出色的工作表現，而不論工時的長短。「如果喬瑟上週工作成果出色，即使他每天四點半下班，你還是需要在公開的場合表揚他。如果有人抱怨（關於他的工時）或是如果你注意到有人在說閒話，請在這些閒話傳開前先制止。你可以說，『我鼓勵你多注意大家的成就和貢獻，而不單單只看他們工作的小時數。』」

在團隊成員之間重新分配或分散工作需要時間和精力，通常一位主管一週需花好幾個小時在這些事情上。這包括嚴謹地考量誰的工作超過負荷、每個人的工作動力來源是什麼、誰需要發展成長的機會，以及我們現在的優先事項是什麼。達到平衡並不容易，也永遠不會有完美的狀態。無法避免地，總是會發生有某些人負擔的工作量不成比例的狀況，但是，關鍵是確保沒有任何一個人是長期一直工作量超載。主管若是做這樣的努力，就可以大幅降低每個人的壓力。

The Bulleit Group 的執行長凱爾．阿特加（Kyle Arteaga）舉了一個他工作生涯早期在路透社領導團隊的例子。他管理的團隊中有一位明星員工叫做珍妮絲，一項備受矚目且有趣的工作任務出現了，阿特加直覺的念頭是把這個工作交給珍妮絲負責。在這之前，他與珍妮絲進行坦白的一對一面談，以了解她手上目前有哪些工作，以及她是否可以處理這項新專案。「我也鼓勵她和她的客戶與團隊成員談談，幫助她判斷，這項額外的工作是否可以規劃進她的工作進度表中。」

珍妮絲能夠負責這項額外的工作，但是阿特加仍幫助她策略性地處理接下來的其他任務，避免讓她負擔過重以致於接近職業倦怠的程度。他說，「有時候，她會故意讓自己坐冷板凳，等待接下來是否有更好機會，我會幫助她判斷、評估這些機會。」

讓團隊成員參與平衡工作的決策，將此視為團隊合作的一部分，可以讓這個過程變得更加容易。誠然，這可能會造成一些棘手的問題。如果你隨機問一群員工，大多數人都會告訴你，他們對自己的工作非常盡職，而且做得比本職還要多。通常會同意承擔額外工作任務的人，是那些像珍妮絲的人，已經承擔超過他們原本該有的工作量；也有少數人會因為想讓他們的團隊同儕困擾而試圖將工作推給他們，這也是事實。

然而我們發現，當每個人都定期參與關於工作量平衡的討論時，團隊就可以非常有效率地一起工作。在會議中，主管通常應該扮演會議引導者的角色（引導討論並讓每個人都參與其中）或是指派可以流暢主持會議的某人來擔任該角色。團隊領導人至少應該掌握所有可得的事實和數據，幫助做出裁決並讓工作量能夠更公平的分配。（例如，托德接手了最新的兩個專案，接下來該輪到其他人了，或者，莎拉，你剛剛結束了和ＩＴ合作的案子，你現在有辦法處理這件事嗎？）會議的另一位關鍵成員是追蹤承諾的人，他會列出誰同意了什麼，以及時間表。

我們在與一家生物技術公司合作時，看到團隊平衡工作量的好例子。一位品質控管團隊的領導人針對工廠發生的危機問題召開了這樣的會議：在他們的無菌產品中發現了某一種污染物。會議期間，一位資深的成員提到，他們可以將偏差報告延遲至最多三十天後，這仍然符合美國食品藥物管理局的要求。這份報告會記錄下正常操作程序中的異常狀況，團隊通常可以在幾天內完成報告，並且以此自豪。但是該團隊做出決定，將找出污染源視為接下來幾週的優先事項。

品管團隊處理完這次危機後，發現每週開會有助於平衡工作量，這進而簡化了他們工作的幾個關鍵流程。他們發現有些他們多年來一直在做的工作，可以完全省略，例如，監管機構不再需要的一份批次報告，還有，內部的每月審計可以改成每季度進行一次。如果是獨立作業，團隊成員可能永遠不會想出這些解決方案，緊張感會加劇，工作目標可能會無法達標。反之，每個人的工作狀況都改善了。

方法三：讓團隊成員輪替工作

如果團隊的業務性質允許的話，領導者應該思考，讓高負荷工作量與高壓工作的人定期輪調去做較沒有壓力的工作，避免員工過度焦慮。哈佛的哈利．李文森建議，「工作的節奏改變、需求不同，加上轉換至不那麼勞心勞力的情境，使人們能夠補充能量，並用新的、更準確的角度看待他們自己與他們所扮演的角色。」變化還可以幫助員工對擺脫艱難的工作任務有所期待。一項針對美國護士的研究發現，輪替工作有助於減少她們的職業倦怠。輪替工作激勵他們在工作上有更好的表現，並且讓他們可以學到新知識與技能。對這些護士工作的醫院來說，最棒的是這讓護士給予病人的照護品質提升了。

馬修．羅斯（Matthew Ross）是網路床墊評測公司 The Slumber Yard 的公司的老闆之一，他也是工作輪替的實踐者。他在工作之間調動人員的目的是提升員工的滿意度、降低流動率，並讓他的團隊成員學習寶貴的新技能。他的員工每一季都會輪替到其他橫向的工作，他發現訓練員工可以在多個領域工作，可以降低因為有員工外出一天需要有人接手工作或有人離職所造成的壓力。

有目的性地輪替工作且給予員工適當的訓練，讓輪替工作可以幫助員工走出舒適圈，並讓他們接觸到平常不在他們工作範圍內的工作任務。這也是找出一個人核心動力的機會，幫助他們找到可以給他們更多成就感的工作。

我們和團隊進行了工作輪替的練習，最後決定輪替記帳的工作，這一直都是由身為老闆之一的艾德里安負責。一位喜歡細節導向的後勤工作的團隊成員很高興地承擔了這個角色。很快，她做得就比艾德里安還要好，她也很感激這個角色，給了她學習、成長跟發揮她分析能力的機會。

方法四：密切監督進度

建立團隊韌性重要的下一步，是經常性關心你的團隊的現況，不論是作為一個團體還是其中的團隊成員。像是仰賴年度績效評估作為唯一的監督指標的這類放任自治的管理方法，很少會成功，但是事事緊盯的微觀管理只會讓人感覺像被「老大哥」監視一樣，同樣也不會成功。最佳的方法是找到中間的平衡點，只要你的做法正確，員工將會對此感到非常認同。

與其將定期關心，想像成在對員工揮舞棍子，不如將其視為一個管道，讓團隊成員有機會即時分享他們所面臨的挑戰。正如摩根大通執行長傑米．戴蒙（Jamie Dimon）對他的團隊說的，「如果你告訴我你碰到的問題，這就變成了**我們的**問題。但是如果你碰到問題，但是卻沒告訴我，那這就是**你的**問題。」值得重申的是，有時候，員工需要的只是在碰到問題的時候有人可以同情且聽他們訴苦，但其他時候，他們也可能會需要領導者的建議和插手工作。

另一位非常成功的高階管理者也針對和她的團隊分享問題，提出類似的建議。奧美榮譽主席夏澤蘭（Shelly Lazarus）曾告訴我們，領導者應該告訴他們的團隊成員以下這些話：「如果你達不到目標，請儘早讓我知道。」她回想起過去在許多公司都是同樣的狀況，「我們定期召開月會，但是在月會中，大家並不會坦白承認：『我達不到那個目標數字。』他們不坦白說的原因，是因為他們認為自己會被懲處。與其在那時懲處他們，你應該在其他人面前讚揚這些人，感謝他們的誠實，讓我們有時間在年底之前做出調整。」獎勵那些尋求幫助的人是關鍵，她總結道，「要讓他們知道這是傑出的行為。」

例行確認團隊的狀況可以是在定期員工會議或是針對特定進度的會議上進行，目標是讓所有的團隊成員都能即時了解狀況，你可以問類似以下的問題：我們在實現團隊的目標上，碰到哪些新的障礙？如果情況繼續下去，哪些工作將無法在期限內完成？我們從客戶那裡聽到什麼？團隊中有誰的工作因為什麼樣的事情而被耽誤了？有誰可以協助？

至於確認成員個人的狀況，當領導者定期私下詢問員工他們的工作量時，焦慮就可以緩解。讓我們面對現實吧，有些人對於在團體的環境中談到工作量，永遠都會不自在。需要特別注意的狀況是，新進人員和年輕的員工往往絕口不提自己需要幫助，這有很多原因。他們害怕變成負擔，他們想要看起來是適任的。有許多人是習慣自己要能夠完成所有的工作（就像他們承擔大學的課業壓力一樣）。他們不熟悉業務的種種程序，這可能令他們感到卻步與沮喪。

重要的是，要告訴你的員工，你認為尋求幫助是堅強而不是軟弱的表現。還要讓每一位員工都知道，你會在和個別員工的會議中詢問他們目前工作量的狀況，這樣他們就不會覺得自己被特殊對待。你在問這些問題時，最好確保自己傳達出你之所以這樣做，是為了盡可能地解決問題，重要的是，在這之後就只做解決問題的事情。

我們發現在這些個人面談的情境時，問這些好的問題可以幫助員工減輕焦慮：

- 你覺得是否可以在合理的工時內，在截止日期前完成這項專案？
- 團隊中是否有其他人可以幫助你在時效內完成工作？
- 這個專案有沒有哪個部分是可能來不及完成的？
- 你是否需要任何額外的培訓或資源才能成功？
- 下次我們遇到像這樣的工作任務時，有哪些部分是你這次學習到可以有不同做法的？

當然，我們隨時都有可能碰到某項工作被打亂，而需要緊急和團隊成員做一對一面談的狀況。這正是為什麼我們所觀察到的那些最好的領導者，都盡量維持「歡迎員工隨時來找他們談」的政策，確保他們的團隊成員都知道，他們真的可以隨時進老闆的辦公室找老闆討論事情或是提出問題。自然地，領導者也會有需要限制成員來訪的時候，但是在我們的調查中，我們經常聽到的員工抱怨大意是：「我的老闆九點進辦公室，然後六點離開，但是我不知道他整天都在做什麼，他都不見人影，當我需要幫助的時候，他也都不在。」對員工敞開大門代表你需要盡量限制並減少開會，並向你的團隊公告一天之中有哪幾個時段是「你會在的時間」。請記得這點，蓋洛普的報告指出，如果老闆願意聆聽跟工作相關的問題，員工職業倦怠的可能性會低62%。

方法五：幫助團隊成員訂定工作事項的優先順序

我們觀察到，員工常常需要完全仰賴自己去搞清楚，該如何決定手上工作的輕重緩急，這可能會催化焦慮感。即使只是很快地與老闆或同事討論，也會對員工有很大的幫助。

對於新員工，在初期主管可以將此作為兩人的日常固定行程，這並非要過度控制員工的工作，而是要在他們適應的過程提供幫助和引導。主管可以在每天早上詢問：**你今天的計畫是什麼？好，現在讓我們依照團隊的優先事項，來規劃這些工作的順序。**我們建議用明確的級別來區分需要做的工作，例如關鍵、重要、中等與低重要性，並且讓每項工作專案都連結至一項業務需求。然後主管和員工可以接著討論哪些事情可以留待明天再做。透過這種方式，經驗不足的人也可以學會對棘手的問題每日按部就班，並對他們的工作成果感到滿意。

隨著員工越來越有經驗，老闆就可以將這類規劃工作順序的面談，調整為每週甚至是每月為基準。專案管理的軟體也可以提供很多幫助，記得讓團隊成員都可以看到目標和工作時程表。

哥倫比亞大學商學院的麗塔．麥格拉斯博士針對工作的輕重緩急提供了這個比喻：「你的一天就是一輛卡車，每個小時就代表卡車上的一個箱子。當有人指派工作給你時，你必須讓他們清楚知道，必須從卡車上卸下一個箱子後，才能裝上新的箱子。他們必須知道後果。在工作量超載的時候，我們都不擅長向彼此闡明我們的優先事項與我們正在做的事情。」

對於職場權力偏低的人、人數較少的少數民族與年輕員工，這尤其會讓他們的焦慮變嚴重——「說出我真的無法負擔這些工作量，幾乎像是說出不忠的話，而這會把我逼到極限。」麥格拉斯博士說：「主管必須讓他們知道這類的對話是沒問題的，而且領導者需要記住，他們的層級越高，說出口的建議就越像是命令。」

麥格拉斯博士回憶起她在華頓商學院擔任博士生的時候。她忙於負責研究中心、管理大學生以及自己的學業，同時她每天單程通勤一小時，並撫養兩個四歲以下的孩子。「有一天我去上班的時候，我們中心的負責人向我介紹一位從新加坡來訪的學者。他要我陪這位學者訪問整天。我要求去旁邊的房間和他談一談，然後我告訴他，如果他認為這是使用我的時間的最好方法，那我就會去做，但是我也讓他知道，我那天會受到影響而無法完成的所有工作是哪些。他睜大雙眼，表示他不知道這些事情。」

麥格拉斯博士有向系主任直言不諱的勇氣，並且公開討論工作的優先順序，這是因為他們的關係中存在著信任。

方法六：避免注意力分散

美國聯邦總署的研究員約書亞．魯賓斯坦（Joshua Rubinstein）博士、密西根大學的傑佛瑞．伊凡斯（Jeffrey Evans）博士與大衛．邁爾（David Meyer）博士一起做了一系列的研究，在研究中受試者被要求在不同的任務中切換，例如解決數學問題。不意外，受試者在從一項工作換到另外一項工作的時候會浪費一些時間。隨著任務變得越來越複雜，受試者在試著回到原本的工作速度時，也會浪費越來越多的時間。結果，與完成一項任務後才換做下一項任務的對照組相比，同時處理多項任務的人完成所有任務的總時間要慢得多。發表在《實驗心理學期刊》（*Journal of Experimental Psychology*）的這項研究發現，當受試者反覆切換工作任務時，生產力最多會降低40％。

倫敦大學的一項研究顯示，因為收到的電子郵件與電話而分心的員工，在智商分數上平均會降低十分。然而，在參與調查的一千一百人之中，有超過一半的人表示他們會立即或盡快回覆電子郵件，有21%的人承認他們會為了回覆訊息或其他電子訊息而中斷面對面的會議。首席研究員格倫・威爾森博士（Dr. Glenn Wilson）說，不對資訊的強迫症做控制的話，將會降低員工的心思敏銳度。「那些不停中斷工作任務而去回應電子郵件或短訊的人，心智受到的影響與整晚失眠非常相似。」他說。

我們在高效率表現的人身上注意到的一項特質就是減少分心，以及一次只專注於一件事情的從容能力。在亞伯拉罕・林肯（Abraham Lincoln）的傳記中，卡爾・桑德伯格（Carl Sandburg）分享了林肯年輕時的一個故事。當時有人注意到這位準總統坐在木頭上陷入沈思，他正在思考一個令人煩心的問題。幾個小時後，林肯還是坐在同樣的位置。終於有一道光芒出現在他的臉上，他才回到了自己的律師事務所。林肯可以坐下來處理一個問題，他專注的時間長到這個問題會投降。在現今，我們發現鼓勵員工哪怕只是獨處幾分鐘，去散散步或是聽聽音樂，都可以讓他們更有能力面對挑戰，並且更有效率且冷靜地完成工作。

我們在一家電子測試工具與軟體的製造商 Fluke Industrial Group 的區域銷售經理金．柯克蘭（Kim Cochran）身上看到很好的例子，說明主管可以如何幫助員工減少注意力分散的狀況。柯克蘭是負責九個州的銷售領導人，當她上任時，公司已經流失了許多寶貴的技術銷售人員，但是三年後當我們訪問她時，柯克蘭在這之間都沒有失去任何一位技術銷售員。

她表示，這主要歸功於減少注意力分散，所以她的團隊成員可以專注於做他們喜歡做的事情，也就是銷售和協助客戶。她的員工都是遠距離工作，而且他們每天都在旅行，所以她的目標是幫助他們感覺到自己是團體的一份子、有人傾聽，但是不會被訊息淹沒。為此她將來自公司的電子郵件按照重要性的等級，從最不緊急到最緊急做分類：

- 最低階的等級是她可以替直屬下屬做的事情，不用打擾到他們。
- 第二等級是她的員工確實需要注意，但是不會打斷他們的銷售工作也不會造成影響的**重要**資訊，包括福利登記的截止日期、銷售預測的截止日期等等。

她會將訊息精簡到只剩下核心的資訊，然後在一封簡短的電子郵件中將這些核心資訊寄給團隊成員，並放上提供更多資訊的連結，如果他們想看就可以看。她的員工知道她會試著過濾資訊，所以收到柯克蘭的電子郵件，就代表信中的資訊是重要的。

- 第三等級是她歸類為**關鍵議題**的資訊，這些是她的團隊成員會需要認真看待的事情。這可能是他們的工作流程需要調整、組織結構、薪酬方式、定價等方面的變化。她會在當週將這些資訊整理成一連串議程，並在每週一次公開電話會議中，一項項逐一告知整個團隊、回答大家的問題，並承諾會將大家在意的事情都回饋給高層的領導者。
- 最高等級的資訊，是被她分類為**緊急**的資訊，也就是那些連一天都等不及、媲美「911恐怖攻擊事件」的事項。在這種情況下，柯克蘭會安排大家在一天工作快結束之前透過電話會議碰面，這個時候大部分的人都是有空的。但是除非是真正緊急的狀況，不然她很少這樣做。

當然，柯克蘭的作法並不是減少干擾的唯一方法。我們合作過的某些主管是透過工作事項管理的系統來管理工作流程，還有其他主管的作法，是鼓勵團隊成員在接到新的工作任務時，要清楚檢視手上現有工作和客戶目前的進度狀況，並幫助他們規劃可行的目標以避免工作超過負荷。

方法七：鼓勵成員以自己的R&R（角色與責任）為主

引領業界的研究專家都強調，停下工作有高品質的休息對員工的重要性。美國心理協會心理健康職場計畫的負責人大衛．巴拉德博士（Dr. David Ballard）表示：「人們需要時間去充電，他們不只需要非工作的時間，也需要不用**想到**工作的時間。」

Simplus 執行長萊恩．偉斯特伍德（Ryan Westwood）告訴我們，領導者在傳訊息給他們的團隊成員時，一定要三思而後行。「我在星期天的早上收到我老闆寄的電子郵件。通常星期天是我和家人的時間，我們可以一起喘口氣，做一些和工作無關的事情。這封電子郵件讓我感到焦慮，毀了我一整天。」

大多數員工都會在意老闆在意的事情，即使他們不應該回覆，這件事還是一直會存在他們的心裡。對員工更好的作法，是將你的電子郵件設定成星期一早上八點自動寄出。我們需要讓我們的員工有時間去做和工作無關的事情，這樣在一週的工作日開始的時候，他們才能做好準備。

主管也應該鼓勵他們的員工善用假期的時間，而且作為員工的榜樣，主管自己也該花時間去放鬆，然後再和員工分享他們在辦公室之外所做的事情。這樣員工就可以了解，休息也是R&R的一部分，也可能發生在工作的時間。有超過70%的員工表示，在白天短暫休息去運動、社交或只是呼吸幾口新鮮空氣後，他們的工作效率會提升。

在這個每個人都永遠上線的世界裡，我們之中的許多人幾乎都是以辦公室為家，主管要盡可能幫助他們的員工休息，並且盡量遠離工作，這是很重要的事情。隨著COVID-19大流行對二〇二〇的影響益發劇烈且明顯，世界各地都在分享的一個正向口號：「我們一起面對這個問題！」在幫助員工處理工作量超載的問題時，也需要時常重複告知這個概念。應用本章所整理的步驟，你將可以讓你的員工知道，當你說「我們一起面對這個問題」的時候，你是真心的，而他們也會反過來幫助彼此、減輕彼此的負擔。我們觀察到，以這種方式一起工作的團隊，不只擁有最棒的工作效率，他們也會給領導的主管帶來最多的個人回饋。

幫助解決工作量超載

- 有很多領導者都沒有意識到，在越來越短的時間內，不斷要求員工做越來越多的工作，會導致員工沮喪、變得更憤怒，並最後引起焦慮與職業倦怠。
- 主管可能認為，工作的重擔讓員工不堪負荷是員工的個人的因素。但是，有高達90％的員工都曾經在某些時期發生職業倦怠的狀況，這就表示，這個問題通常是組織的問題。
- 但是，針對工作量超載，許多企業仍然聚焦在處理特定的人員，而非處理工作量的分配與管理方式等根本問題。

- 當員工因為工作量超載而感到焦慮時，主管應該幫助員工將工作切分成合理的分量。
- 其他可以幫助團隊成員改善處理主管期待的工作量的方式，並降低焦慮程度的方法包括：

①制定明確的路線圖
②平均分配工作量
③工作輪替
④密切監督工作進度
⑤幫助成員訂定工作任務的優先順序
⑥避免注意力分散
⑦鼓勵成員依循R&R

第四章

清楚的未來道路：協助團隊成員規劃未來方向

領導者的工作是讓他人因為你的存在而變得更好，
並且在你不在的時候，這些影響還能持續發揮作用。

——雪柔．桑德伯格（Sheryl Sandberg）Facebook 營運長

有許多研究都在探討某個網路生活的領域以及這個領域與焦慮的關係，也就是社交媒體。研究顯示，當人們不斷看到其他人在網路世界的動態時，他們往往會對自己的生活感到不安：別人是不是做了很多好玩的事情、去很多厲害的地方旅行，然後生活也都過得很好？很少有事情可以像是「將自己與他人比較」那樣，帶給人們那麼多的不快樂。

在工作上，我們也看到類似這樣的錯失恐懼（fear of missing out，簡稱FOMO）。員工可能會擔心，如果留在現在的工作崗位上，他們可能會錯過更有趣、更有保障或是更有收穫的事情，這些想法在年輕員工身上尤其常見。我們相信，新的世代以「數位原住民」的身分長大這某些程度上造成了影響，這也解釋了我們從主管那裡聽到的問題：年輕的員工對於工作更感到焦慮。

在網路的世界，成功的公式已被定義，你發佈貼文、獲得讚數、增加追蹤者，如此循環。這是一個快速且有效的公式。相比之下，年輕人往往覺得企業世界的步調極其緩慢且令人沮喪。老闆們不斷告訴我們，年輕人渴望得到晉升、想要被信任並重用以及獲得加薪，但是他們不願意付出。

年輕的員工通常對於升職或繼續工作是更焦慮不安的，研究也證實了這一點。在嬰兒潮世代中，有40%的人為同一個雇主工作超過二十年，每五位嬰兒潮世代中就有一位是為同一個雇主工作三十年或更久，他們相對滿足於依照公司的晉升制度與按照公司所規定的時間往上爬。但是，有78%的Z世代和43%的千禧世代，在二〇一八年接受調查的時候表示，自己計劃在兩年內離開現在的公司去追求更好的發展。然而，領導者必須了解，這些跳槽不單單只是因為害怕錯過或是因為想要晉升，這還與薪資停滯成長有關。初階的工作所支付的薪水，尤其是在都會區，是無法讓年輕人擁有自己想要的生活的。

根據布魯金斯學會（Brookings Institution）的數據，在二〇一九年，所有的勞工中有44％的人都符合「低工資」收入。他們的時薪中位數是每小時十點二二美元，年收入約為一萬八千美元。簡而言之，布魯金斯學會表示，「勞工沒有什麼好工作可以選擇。」而年輕人很清楚這一點。

事實是，我們大多數人都以是否達到這些人生指標來評判自己：高中畢業、上大學／開始實習、找到體面的工作、結婚、買房子、有小孩等等。社會也傾向於視這些里程碑為讓人們「安居」的事件。但是對於新興的世代而言，達到這些指標的這件事，已經改變了。現在邁入人生首次購屋狀態的平均年齡已經超過三十歲。加上膨脹的學生貸款、更低的工資與更少高薪工作的機會，許多被社會認為是「正常成人生活」該具備的部分，即使並非無法實現，也讓人感覺非常遙遠。我們現在看到的不是中年危機，而是被稱為「青年危機」（quarter-life crisis）的狀況，也就是二十幾歲的人對於他們生活的品質以及人生的方向有著嚴重的不安全感。

一位年輕的勞工代表她的世代對我們說：「我們不像過去的人那樣，認為公司將他們的最大利益放在心上。我們知道公司最重視的是股東價值最大化，而我們是可以被更廉價勞力給取代的。」這也解釋了為什麼萬寶華人事顧問公司在二〇一八年的研究顯示，有87％的千禧世代都將工作的保障列為最優先的事項（在疫情大流行後，這一點的重要程度可能會增加）。

這些考量或許可以解釋為什麼有那麼多年輕的勞工在意，他們是否有在工作中學到新的技能。一項蓋洛普針對千禧世代的研究顯示，有87％的千禧世代「高度重視」成長與發展機會，比X世代和嬰兒潮世代高出將近20％。可悲的是，同一項調查發現，只有39％的年輕員工覺得自己「上個月有在工作中學到新的東西」。幫助員工發展新的技能對於開明的主管是很好的契機，可以藉此留住人才並讓他們投入於工作中。德勤會計師事務所（Deloitte）所做的調查發現，能夠有效激發員工學習動力的公司，有超過30％的機率更容易成為產業的先驅。

這樣看來，對職涯發展焦慮的現象似乎是一種巨大的社會變化，主管也無法掌控，但是，其實主管對此有許多可以做的事情。我們同意富比世的J．莫琳．韓德森（J. Maureen Henderson）的觀點，她告誡領導者不該攤手任由千禧世代的員工發生「高流動率與在職期短的狀況，卻不聚焦於留住現有員工。」沒錯，我們也發現到，當領導者提供年輕員工定期學習與進步的機會，並且找到方法幫助年輕員工保障在組織內的未來發展時，許多有價值的員工會更願意留下來。

如果領導者想要留住最優秀的年輕員工，並且減少員工不必要的職涯發展焦慮，那麼，解決員工關於工作保障、成長與進步的憂慮，就是很重要的事情。這也是可以讓領導者與其公司，在競爭激烈的就業市場中脫穎而出的好方法。根據Corporate Executive Board的研究，只有十分之一的企業組織符合具備學習文化的定義：一個支持組織與個體進行知識探索的工作場所，這將成為推動公司使命的助力（更不用說可以讓員工擁有更多技能以及增加人才的價值）。

我們了解，對於繁忙的主管來說，密切關注每個人的職涯發展這個想法似乎很沈重，而且，這世界上有不忙的主管嗎？但是，這件事不需要成為主管的負擔。我們接下來分享的方法，不僅可以解決你的員工對於他們未來在哪的焦慮，還可以紓緩他們的擔憂與需求對你所造成的緊張感。

方法一：設計更多的成長門檻

有超過75%的Z世代工作者表示，他們認為自己應該在到職後的一年內獲得升職。在晉升的路上創造更多的門檻階梯是一種非常有效的方法，如果可行的話，將可以減輕員工對於晉升的焦慮。這在公司如其名的Ladders求職網站就發揮了很好的效果。該公司的創辦人兼執行長馬克．賽內德拉（Marc Cenedella）談到他那些精通科技的年輕員工時表示，「當他們來到我的公司後，對於晉升、薪水和責任感到焦慮。他們要求要做的工作和他們的能力與經驗完全不符。」

當時，Ladders有一項計畫是讓新員工在兩年內晉升為資深助理。「對X世代的思維方式而言，這已經比嬰兒潮世代對待我們的更公平了，」他說。但是這些新來的年輕員工認為這幾年是緩慢流逝的歲月，而且不會為他們的履歷增加任何亮點。

賽內德拉承認一開始他試圖用年輕同事的思考方式說服他們，但是最後他意識到，調整他自己的觀點才能讓事情有好的結果。他將原本的計劃改為在兩年內提供六次晉升，這包括績效的門檻、增加更多職稱，並且在每一步都調薪。「我們維持原本對工作表現的要求標準、在兩年後的薪水也跟原本一樣，對於專業知識隨著時間而進步的要求也相同，我們發現，更常在職涯發展上獲得回饋、有更多的機會向上發展以及有一些以個人為主的自我學習的機會，就可以組成非常有效的工具，建立團隊的士氣並且為公司的成功帶來非常多的貢獻。」

令人嘆息的是，我們曾經和某些主管討論過這套流程，但是對於他們而言，像這樣提供員工一種安定人心的成就感，是讓員工沈溺在妄想中（諷刺的是，這其中有許多主管也正是幫助培養新世代的人）。所以，我們向他們展示 Ladders 所達到的成效。賽內德拉說，新進員工都努力工作以達到每個級別的標準，並且認真看待每一次晉升。當他們在僅僅四個月後就從初級分析師晉升為分析師時，會打電話給爸媽並和團隊成員擊拳慶祝。領導者很快就意識到，員工並沒有將這些措施視為假的晉升，而是把它們視為他們職涯成就重要的指標。賽內德拉還分享，因為這項措施，讓員工在每次晉升之前，都把專注力放在達到某個特定層級的工作成就上，

Ladders現在的工作團隊比過去更能幹且更專注，而且不論任何年紀的新進員工都是如此。

許多實施類似的晉升方式的主管都告訴我們，這套方法不僅對於員工的敬業程度很有幫助，對於員工的訓練也有很大助益。這套方法讓主管有更多指導員工的機會，並且讓大家有更多機會針對發展的大方向與目標進行充分的討論。

方法二：讓員工了解可以表現突出的方法

我們發現，有許多對職涯發展感到焦慮的員工，其焦慮是來自於不清楚讓自己成為晉升候選人的有效方法是什麼。主管可以幫助員工打開視野，讓員工了解他們可以掌握自己職涯發展的方法，這包括增加新的技能、累積經驗以及創造高層領導者在意的工作成果，這些都有助於讓他們更有資格晉升。

曾任Google高階主管培訓與發展總監的大衛・彼得森博士（Dr. David B. Peterson）向我們強調，有許多員工沒有意識到，他們必須投入一定程度的時間來為未來的職涯角色做好準備。有太多的員工只專注於優化他們在當前工作崗位的表現，當然，這是每位主管都希望員工做的事情。但是，過於專注於取悅現在的老闆，而沒有展望未來並規劃好在未來如何面對新的挑戰與成長，會讓員工覺得自己好像只受到直屬主管的擺佈。這會加劇員工的焦慮，因為他們可能會發現，幾年過去了自己卻沒有任何晉升的可能性。

彼得森說，「領導者需要幫助團隊成員去意識到，僅僅在目前的工作崗位上表現出色，並沒有辦法讓他們達到想到的位置。只有新的技能才能讓他們更上層樓。」他建議主管可以帶領他們的團隊成員做一項他稱為「現實測驗」的練習：從現在開始一年後，希望自己所在的位置為目標，從日曆上回顧過去一週與展望未來一週，然後看看有多少時間是花在有助於他們實現目標的工作任務上。他們每天做的事情，和他們表達想要達到的目標一致嗎？當然，一個人大部分的時間都會是花在眼前的工作上，但是，如果花很少時間或是沒有花時間在學習和成長，這個人就幾乎沒有機會晉升了。

這個部分領導者可以幫上很多忙，領導者可以讓他們的員工每週都投入時間去學習自己想學的技能，就算一週只有一或兩個小時也是很好的開始，讓他們的專注力放在和他們的長期個人發展目標同樣的方向上。這是一個很有效的方式，可以讓員工感受到自己是被支持的。當然，這也代表主管需要和員工個別面談，了解他們的職涯目標，以及自己可以如何幫助他們達到這些目標。

方法三：協助員工評估他們的技能與動力

指導與幫助員工消除對職涯道路的焦慮，其中一個部分是要幫助員工確認清楚他們最想走的路是哪一條，因為有許多員工都不太清楚他們想走的路。對此遲疑不決將會導致他們對職涯感到有壓力，走錯路會讓人擔任他們既不適合也沒有興趣做的角色，只是因為他們認為自己需要繼續在這條路上往前走。

不久前，我們才指導了一位部門組長，讓她了解，如果她讓員工葛雷格升職可能會犯下哪些錯誤。這位組長即將被調去另外一個職位，所以一直在培養葛雷格，準備接替她的位置。我們使用我們的動機評估法（Motivators Assessment）評估她的團隊，並做三百六十度全方位訪談（360 interview），我們的結論是，葛雷格不太可能從她的管理職工作上找到成就感，對此也並不特別擅長。

補充說明，我們和《EQ致勝》（*Emotional Intelligence 2.0*）的兩位作者崔維斯·布萊德貝利博士（Travis Bradberry）與珍·格里夫斯博士（Jean Greaves）一起設計了動機評估法，用來幫助確認個人在工作時的獨特核心驅動力。我們從研究中發現了二十三組驅動人工作的動力，包括從創造力到所有權、從金錢到學習。在超過十萬人參與這套評估方法後，我們現在發現，員工投入工作的程度受到一項關鍵因素的影響，就是員工需要真正因為他們正在做的工作而被激勵。這有道理，對吧？工作效率最好的員工都忙得不可開交，而且是真心投入於工作中。

當然，我們每個人的工作都會有我們並不特別喜歡的部分，可以把這個比喻成，就像每個人都需要去倒垃圾一樣。但我們也發現，主管可以幫助員工了解，雖然薪酬和晉升很重要，但是同樣重要的是做他們有熱情的事情、做他們覺得有趣和有收穫的工作，這可以幫助他們在職涯的路上走得更堅定、更自信與更滿足。那些對於自己的職涯道路感到焦慮的員工，很有可能根本就走在錯誤的路上，關心員工的主管可以幫助他們了解情況是否是如此，這也是我們希望可以在葛雷格的身上發生的事情。

發現員工的工作和他更有動力去做的工作並不符合時，就是與員工一起形塑工作的機會：找到可以**轉移**給團隊其他人去做的工作任務，找到可以稍微**變動**來讓員工變得更有動力的工作任務。而對主管和員工彼此都最有利的狀況是，那些員工喜歡做的事情可能可以**加到**他們的工作之中。

我們發現，不僅僅是給員工升職或加薪（這兩個方法也沒辦法常用），而是和員工面對面坐下來、一起形塑他們的工作的樣貌，可以有效地提升員工對於工作的投入程度並且讓他們有方向感。這也是我們會開始設計動機評估法的原因，我們希望可以幫助領導者精準找到最能吸引員工投入於工作之中的因素。這套方法現在已被全球幾百家企業組織使用，幫助主管將員工的工作與核心驅動因素做更好的結合，在工作表現與人員的留存上，我們都累積了非常大量可依循的資料。

回到那位組長與她的員工葛雷格：我們讓這個團隊做了動機評估，葛雷格的結果顯示，在二十三項核心驅動因素中，他的「發展其他人的能力」與「團隊合作」

幾乎是最低分。這可能會是個問題，因為，如果他被升職了，他的新工作就會是幫助整個部門的十幾個人成長與「發展」，同時還需要建立有強烈「團隊合作」意識的團隊向心力。

我們和葛雷格一起坐下來談談。我們請他描述他在工作中**最壞的**一天是什麼樣子，他提到在指導年輕員工或是幫助專案小組成員解決棘手的人際問題與衝突時最洩氣。當我們問葛雷格他**最好的**一天是什麼樣子時，他的臉都亮起來了，他會在遠離辦公室的異地與客戶合作，解決客戶的問題，他看起來就像是英雄一樣。

關於管理人這件事，他透露，「我的團隊成員中有衝突，有些人沒辦法很理性地接受回饋。我的同儕也都在玩政治。」然後他停頓了一下，問道：「你們已經做這樣的工作一段時間了，難道管理就都是這樣嗎？」我們點點頭，「跟領導有關的許多工作就是如此，這和解決人的問題有關，這也和讓其他人成功有關。」我們也補充說，有些人就是喜歡他所討厭的那些事情。後來，我們向葛雷格的老闆解釋說，雖然他有可能會成為一位樂於助人的主管，但是這個角色非常有可能會讓他很痛苦，這可能會導致焦慮與職業倦怠。他的團隊成員也可能很快就清楚意識到，他的心思不在工作上。

我們希望每個人都可以接受我們超棒的建議（或者該說，我們的建議總是很棒），但是這個故事後來往不好的方向發展。這位組長在幾個月後換到另一個新職位上，葛雷格因為她的持續推薦而接管了團隊。公司高層的想法是，他很聰明，他會找到方法克服這些問題的。這種情況只維持了六個月，團隊就起而反抗了。他們說，葛雷格對他們的擔憂都慢半拍反應，對於他們的個人問題漠不關心，且只在意他自己的工作表現。指派給他的團隊的人資代表，在他擔任管理職的這幾個月試著指導葛雷格，但是就像葛雷格對於自己的敏銳理解，他似乎無法改變。

值得慶幸的是，公司並沒有解僱他。人資代表和葛雷格合作創造了一個新角色，他繼續擔任團隊的資深顧問並以此領薪水。在之後的三年中，葛雷格更負責了其他的工作任務（其中一項是針對內部高階主管個人的指導），這擴大了他工作的範圍，他擔任和其他部門的聯絡窗口，並且在產品開發方面承擔了更多責任。葛雷格是個聰明人，當他除了管理他自己之外，不再管理任何人的時候，對所有人都有益。

正如這家公司學到的，將人放在錯誤的位置會導致他們焦慮和壓力過大，這不僅會影響身處錯誤位置的人，也會影響和他們一起工作的整個團隊。這套流程還有一個殘酷的事實是，有時候和員工一起清楚了解到他們該走的道路，可能會導致他們離開你的團隊。這對公司和員工來說，可能都是最好的結果。這是我們合作過的一家大型保險公司的執行長的觀點。

我們那次為將近一千位領導者做動機培訓，許多人因此能夠將他們的日常工作，與他們的關鍵驅動因素有更好的結合。當我們與該執行長坐下來討論結果時，他說經過我們的培訓後，有三位重要的主管決定離職。一位成為老師，另一位決定做小型創業，第三位決定回到大學。我們有點擔心他會如何反應，但是他的反應很正面：「如果他們不開心，他們的下屬遲早會嗅出端倪，在一千人中只有三個人離開，這還不錯，這代表我們做的事情是對的。」

好的領導者就像這位執行長一樣，不怕他麾下的成員認真思考驅使他們工作的動力是什麼，就算他們有一天可能因此而離開。這還有一個好處，這個過程也可以減輕員工對於晉升的焦慮。那些幫助員工了解他們在工作中的驅動力是什麼的主管，會被員工認為是值得為其工作的好老闆。

暢銷書作者與甲骨文公司前高階主管莉茲．懷斯曼稱這些領導者為「人才磁鐵」（talent magnets）。她告訴我們，「聰明、有能力的人會因為他們所打造的這些名聲而來找這些老闆。因為他們具備挖掘人們天賦的能力，所以每個人都想為他們工作，而他們也會建立起這樣的聲譽。」

根據懷斯曼描述的，天賦是你可以做且讓你獨一無二的事情，天賦也是你大腦獨有的設計，這套特殊設計會賦予你這個人價值，無論這項特質在過去是否被視為是負面的。她告訴我們一個真實的例子：布萊恩承認自己在過去工作過的地方被稱為「No博士」。因為他沒辦法控制自己，他總是可以在別人提出的計畫中立刻看到問題。如果是「人才磁鐵」型的領導者，就會善用這一點，而不會指導布萊恩改掉這一點。她會說，「布萊恩，這太棒了。你的天賦就是找出潛在的陷阱。團隊中有人可以找到計畫的漏洞，能夠看到我們的弱點，這是多麼了不起的事情。」雖然有些主管可能會感嘆布萊恩總是掃興，但是懂得當「人才磁鐵」的主管會在團隊面前讚揚布萊恩的天賦並讓大家知道這是他們所需要的才能。「每當我們準備推出一些重大的計畫時，我們都會善用布萊恩的能力。」

懷斯曼補充說，這可以創造推崇多樣性的氛圍，大幅提升員工的向心力。「當你去上班時，你的老闆和同事可以理解且欣賞你的天賦，這就是一件很棒的事情，」她說。「當一位老闆可以做到這樣的程度時，她就有權說：『你知道的，布萊恩，我們在這個部分也可以用到你的能力。』或是『我需要你改變一下做事情的方式。』」

人才磁鐵的成果可能很驚人，他們也會在公司內獲得廣泛的認同。Simplus的執行長萊恩．偉斯特伍德自豪地向我們分享他其中一位員工的故事：「他在我們的行銷團隊中擔任平面設計師。他說想嘗試看看當Salesforce平台顧問並且去考認證。兩年後，他是我的們員工中擁有最多認證的人，他有二十四項認證，被認可為全球百大Salesforce架構師之一。他成為我們解決方案部門的主管，並且開始架構我們的智慧財產權。這一切都始於他對此有興趣，也有野心，而我們為他打開可能性的大門。」

艾德里安獲得大學文憑後的第一份工作，是在一家月刊雜誌擔任編輯助理，這是和前面相反的例子。該公司的升遷制度（似乎）是從古騰堡時代就訂定下來的。編輯需要擔任同一個角色七年，以緩慢且嚴苛的方式從助理編輯、編輯助理前進到副編輯。當艾德里安表達他對領導有興趣，想要學習更多與追求成長時，他們告訴艾德里安，唯一一個高階職位的機會是副總編輯，通常要在你五十幾歲的時候才會在這個職位，然後就是希望總編輯會離職或退休。艾德里安在那裡只待了很短的時間，就換到一家提供真正機會的公司，那裡允許有抱負的人追隨他們的工作動力。

如果要全盤地了解驅動你的員工的動力是什麼的話，我們會建議讓他們做動機評估，或者，至少要花時間去觀察他們並和他們討論，了解他們最感興趣與最投入的事情是什麼。同樣地，要做到這件事情，主管就需要花時間頻繁地評估員工的工作技能與動機，並且和員工就哪些是可行的、哪些是不可行的有公開的討論。

方法四：使用技能發展流程圖

減少焦慮的一部分作法是讓員工了解向上發展的可能性，但是我們也必須幫助員工了解，向上發展並不是職涯成長的唯一方向。綠山咖啡公司人資長瑪麗．貝絲．德努耶說，「我們長久以來都把職涯道路視為向上爬的一個梯子，一切都跟你如何往上爬有關。但是我們現在會把職涯道路想像成一面岩壁，一個人可以往上爬、往側邊爬、再往上移動一點，然後再往側邊爬一些，每個人都可以有自己的目的地。你在岩壁上，只有一件事情不能做，那就是攀在那裡不動，你不能滿足於現況，你必須移動。但是該如何移動、移動的速度與高度就取決於你。這可以幫助人們去想到他們正在累積的能力，以及去思考他們想在這個過程中體驗什麼樣的事情。」

德努耶解釋，「梯子」代表一次只能有一個人往上爬，但是在一面牆壁上，可以同時有很多人攀爬至同一個地點，而不用競爭。換句話說，成功不是零和遊戲。我們發現這種心態可以大幅提升包容性，並且有助於減輕某些人的擔憂，他們感覺自己的位置受到多元文化倡議的威脅，而害怕自己的位置被剝奪。成功建立這種心態的組織可以創造一種文化，在這裡，一個人的成長不必以犧牲他人作為代價。

在我們提供領導者諮詢時，我們會鼓勵他們使用一套簡單的流程來開發團隊成員的新技能。這套流程就是我們的技能發展模型（Skill Development Model）。領導者可以使用這套方法來幫助在岩壁上試圖前進的人們找到自己的路。而且，最重要的是，這套流程讓主管找到公司或團隊的願景與員工的願景之間的共通點，而可以減少團隊成員因為自己沒有獲得所需的成長發展而可能出現的焦慮。

首先，可以是由員工提出一項想要專精的技能，或是由主管提出建議也可以。如果這項技能是對團隊或組織有益，並且員工也有意願嘗試，那麼員工就可以開始學習這項技能。如果是由員工提出這項技能，並且決議這項技能是組織目前不需要的，那麼它可能是員工在自己個人時間可以追求的事情。我們曾經有一位員工說過，她想成為和小孩一起工作的聽力學家，雖然我們覺得這個目標很崇高，但是我們沒辦法在這項技能的訓練和公司的需求之間找到共通點。結果她在晚上去學校進修，而我們支持她的方式是每週有幾天讓她早點休息。

接下來，當員工開始學習、熟練掌握新技能並有可能幫助團隊的時候，主管需要找到可以適用這項技能的途徑。然後，員工就可以透過新的技能貢獻一己之力來幫助組織。下一步，如果員工努力付出且該項技能開始幫助團隊變得更好，主管就有必要獎勵努力的行為以表達感謝，並且鼓勵員工繼續進修。主管也將繼續提供諮詢與輔導，讓員工的技能和公司與團隊的需求一致，並且提供員工進一步成長所需

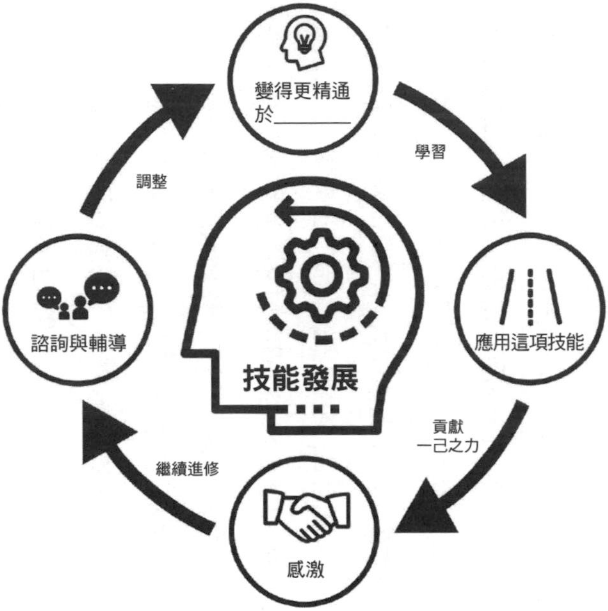

的幫助，以及幫助員工移除障礙。

最後，就該重新調整步伐與思考下一步了。如果該技能對員工和團隊都雙雙有益，員工可以繼續發揮這項技能的影響力，並且獲取更多相關知識。如果主管和員工都覺得該技能不適合繼續發展，他們可能會決定暫停並嘗試其他新的技能，或是員工可以改為利用私人的時間進修該技能。如果該員工還沒有完全精通這項技能，主管與員工可以一起努力讓這項技能的累積繼續有進度。

安東尼分享了一個例子，這是他在猶他州大學醫學院的男性生殖學與表徵遺傳學研究室工作時的故事。指導他的肯尼斯・艾希頓博士（Dr. Kenneth (Ki) Aston）建議，如果安東尼去學執行統計數據分析使用的R語言（R programming），他在團隊中的角色將會有更好的發揮。「我答應試試看，但是我並沒有信心，」安東尼說。「我知道這對我來說是非常珍貴的機會，他設定了目標並且給我時間跟資源去學習。他還指派一位博士生幫助我走過這段跌跌撞撞學習的過程，讓我了解這可以如何應用於我們在實驗室所做的實驗上。」

那位博士生會耐心地看著安東尼輸入程式語言。「她可以在幾分鐘內就輸入完成編碼，但是如果我只是看著她編碼，我永遠都學不會。當我在打字時，她會在一旁教我，『程式碼的那個部分會告訴程式要創建類別，而這個部分則是會將那些類別做標記。』所以我了解了編碼將如何影響其他的實驗。接著，她讓我輸入數值和關鍵數據，確保我有學會她示範給我看的東西。她從來沒有替我做我的工作，她也沒有指望我可以神奇地複製她所做的事情。」

幾週內，安東尼就熟練到可以協助幾個研究結果跑分析資料。安東尼表示，他可以做他本來被聘來做的濕式實驗室工作，同時還可以用 Excel 來跑分析，這是他原本就熟悉的軟體。但是他的實驗室負責人認為，在安東尼以科學家的身分進步時，R 語言的學習會扮演重要的角色。當他對這種程式語言有了基本的掌握，並且能夠開始對團隊有所貢獻後，艾希頓博士告訴他，「雖然你在 R 語言的領域還有很多東西要學，但是目前這樣就夠了，謝謝你的貢獻。」那天在安東尼離開實驗室時，他知道他的辛苦努力是被重視的。他說：「在那之後，我更投入於實驗室的工作中。這件事讓我覺得他們多花了十倍的心力關心我，發展新的技能讓我覺得在個人有所成長的同時，也累積了知識，我也為實驗室的整體目標有所貢獻。」

方法五：員工的進修要能符合工作的實際需求

想看員工一臉眼神呆滯或是焦慮感上升嗎？公司總部在澳洲墨爾本的 Collective Campus 執行長史提夫．葛拉維斯基（Steve Glaveski）說，你只要要求那些最忙的員工參加「商務寫作技巧」、「談判」，或其他和他們每天的日常工作不相關的課程，就可以在他們的臉上看到這樣的表情。

自從我們的祖先第一次想出使用武器對抗劍齒虎的方法，帶來文明的曙光以來，我們人類總是在有其必要性的學習狀態下效果最好。電視節目《危險邊緣》（Jeopardy）的冠軍肯．詹寧斯（Ken Jennings）可能是例外。不列顛哥倫比亞大學腦行為實驗室的馬修．博伊斯貢提（Matthieu Boisgontier）表示，「節省能量對於人類的生存是很重要的，這使我們能更有效率地尋找食物與躲避處、爭奪性伴侶以及躲避捕食性動物。」我們的腦部是全身最耗能量的部位，為了提高能量的使用效率，我們的腦部設計成會讓我們忘掉不需要的資訊。想想看，你還記得如何在錄音機上播放歌曲嗎？

當然，關於基礎商業技能的課程和模擬訓練可能是很重要的，但是最能激發員工產生興趣，並對他們的工作表現有最直接影響的學習，是關於如何處理他們在日常生活中所面臨的具體挑戰。

假設你的某位員工承認，她需要另一個部門的某位難搞同事提供資訊，但是她一直逃避與對方做困難但必要的溝通。她對於如何將對話導向有成效的結果沒有信心。你可以透過類似角色扮演的方式引導她練習整段對話，提供給她你自己可能會使用的句子。除此之外，你還可以建議她去讀《開口就說對話》（*Crucial Conversations*）這本書，書中關於如何應付討人厭的同事有許多勇敢的見解。引導員工去讀你認為有用、真正相關且具有精闢建議的書，是推動他們發展的好方法。（嘿，身為商業書的作者，我們如果沒有推薦這項做法就太失職了。）

方法六：為每位員工量身打造職涯發展

主管經常性且誠實地和員工討論職涯發展，有利於主管找到員工需要增進的技能，以及發掘員工最有興趣做的事情是什麼。為了減少員工不必要的焦慮，職涯發展的規劃應該因人而異。德勤諮詢的執行長兼董事長丹．赫爾佛瑞希（Dan Helfrich）也向我們強調了這點。他是這套量身定制職涯發展方法的實踐者，這為他贏得了員工的忠誠，更不用說這些員工為他在公司晉升到如此崇高的地位所做的貢獻。

赫爾佛瑞希和員工針對職涯的一對一面談都是從問這個直接的問題開始：「你想在哪些方面更進步？」對於員工而言，這比讓員工接受訓練只為了填補他們完全沒興趣的技能差距更能讓他們投入。赫爾佛瑞希說，「我想知道他們已經準備好要面對，但還沒有機會嘗試的挑戰是什麼。然後，隨著時間過去，哇，因為給他們的這些小任務或機會和他們跟你分享的事情是一致的，他們就會建立信心，他們會覺得自己說的話真的很重要。」

他有一位團隊成員的角色是在辦公室裡面負責協調的工作。他說，「但是她開始覺得自己的工作只是一套報告機制，沒有機會進行創造性或策略性的思考。她指揮調度的能力很被推崇，她也具備這些技能，但是這對她來說變成是限制。」雖然一些主管可能會鼓勵員工要仰賴這個優勢，但是赫爾佛瑞希知道，如果他不給她一些彈性與成長空間，他可能會失去這位員工。他問這位員工是否願意負責一項新計畫，讓她領導該計畫的創造性發想過程，他說，這「打開了職涯成長的另一種可能性，這是在原本的狀態中不會發生的。」

我們建議要和員工做這類職涯發展的討論時，你可以問員工以下的問題：

- 你在工作的時候最期待做哪些事情？
- 這些工作任務讓你覺得很有動力的原因是什麼？
- 哪些工作任務讓你感到氣餒？
- 那些任務讓你感到氣餒的原因是什麼？
- 如果你對自己的職涯發展可以許幾個願望的話，你的願望會是什麼？
- 還有哪些事情是你好奇，但是在至今的職涯中都還沒有機會探索的嗎？

為了讓你可以從這次以及之後後續的對話中抓到重點，我們建議你採用達特茅斯學院管理學教授席尼・芬克斯坦博士（Dr. Sydney Finkelstein）推薦的方法。他建議主管使用個別的電子檔案紀錄下每位員工的這些資訊：

- 關於這位員工的工作風格的綜合性觀察以及發展潛力評估。
- 這位員工針對自己喜歡的管理方式所給出的回饋。
- 關鍵的動力因素，包括外在的獎勵，例如金錢獎勵或是主管對員工的讚賞，以及內在的獎勵，例如在工作中表現出色或是對於自己的決策和行動擁有自主權。
- 在職涯發展上可以幫助加分的機會，包括可能需要什麼樣的社群網絡、延伸的工作任務和晉升的目標。

- 該員工自述的長期職涯與發展目標。
- 為了幫助該員工成長，領導者所需要給予的建議（包括領導者希望隨著該員工年資增加而可以傳授給對方的泛產業智慧）。

然後，在每次進行關於職涯發展的討論前快速瀏覽員工的這些資訊，可以有助於精準找到該繼續追蹤的議題，這些議題可能會因為緊湊的日常工作而被擱置一邊。或許是有一位員工說想向團隊報告改進工作流程的提案，但是你在過去幾週都忘了這件事。花個十分鐘複習一下電子檔案的內容，讓你可以繼續追蹤該處理的議題，並且針對員工第一步該做的事情給予建議。

方法七：仔細調整成長的機會

那些準備展翅高飛、嘗試新挑戰的員工，不一定每個人都已經會飛了。人們在評估自己面對新挑戰準備到什麼樣的程度的時候，在判斷的方法上也有著很大的差異；雖然他們早就準備好了，但是有一些焦慮的人可能會選擇放棄；那些爭先恐後爭取新挑戰的人可能還需要很大幅度的成長。對於缺乏經驗的員工來說，在跨功能性的團隊中擔任某個小角色可能是一個理想的機會，他將因此看到更多資深同仁的工作方式，並且學習到公司其他專業領域的營運方式。對於經驗比較豐富的員工，可能適合的是給予他領導某項計畫的機會。

技術諮詢公司 Pariveda Solutions 的副總裁瑪格麗特．羅傑斯（Margaret Rogers）向我們分享某位主管的案例，這位主管有兩位下屬都對發展公共演說的技能感興趣。她說：「從之前的會議中，你已知道其中一位是比較經驗不足，且對於在公開場合演說更感到緊張，這位員工可能可以從小組的環境中獲益，例如午餐時間的學習小組，他可以在這些小組中做簡短的簡報。另一位員工因為有比較多的經驗，你可以讓她獨立表現，在下一次全公司的大會議上或是在某個有許多觀眾的場合進行演講。」

羅傑斯還建議，根據員工的經驗不同而調整員工對於其自身發展的掌控度。一位經驗豐富的員工應該要被賦予更大的自由去選擇成長的機會，但是如果是新進員工，就需要比較多的指導。但即使是新員工，例如那些剛從大學畢業的社會新鮮人，還是應該在這個過程中，讓他們有一定空間可以表達自己的想法。當然，在合理的控制範圍內，允許可能導致一些錯誤甚至專案失敗的彈性也很重要。碰到困難與經歷失敗可以帶來強大的學習經驗，並且有助於發現技能的缺口，然後領導者和員工就可以決定，該用什麼方法來填補這些缺口。減少焦慮的關鍵是讓員工知道，挫折也是學習的機會，而且可能的失敗風險不該對員工或團隊的整體工作表現造成負面影響。例如，請一位新人在員工會議上向團隊提案簡報某項改進的建議，就是一個展現說服力的機會，但是這項提案成功與否，不該對這位新人造成負面的影響。

領導者可以透過高效的指導，幫助那些不太進入狀況的員工了解，這些經驗是很棒的主動性與創造性思維的表現，而不是失敗。員工也可以建立認識，了解要獲得某種成功需要付出什麼樣的努力。瑪格麗特．羅傑斯對此表示她的看法，「請記得，當信心不足時，安全保護就是必要的，但是將員工推向導致不舒服成果的極限可以帶來真正的成長。」

方法八：鼓勵同儕幫忙

今天，當員工想要學習新技能時，他們的第一步很少是向老闆表示企圖。大多數年輕員工會上網用 Google 或 YouTube 搜尋，或是透過群眾外包（crowd-sourcing）的方式諮詢他們在組織內或組織外的朋友。只能等待主管有空的時間可能會讓人焦慮，有時候，要承認你不知道某些事情，也會引起焦慮。所以高效率的領導者，都會善用同儕之間的學習。

美國國家情報大學的拉米莎．克拉夫特博士（Dr. LaMesha Craft）表示，同儕學習可以是「職場最強大的工具」。在與同儕交談時，大家更可能坦率地詢問他們不懂的事情或是遇到困難的事情。而且，有許多讓企業維持運作的專業知識，都不在領導者的腦中，也不在訓練手冊或正式的流程中，這些專業知識是從實作經驗中學習而來的，並且作為員工的集體知識保存在員工的腦中。團隊成員有豐富的「做中學」（learning by doing）知識可以分享，並且在這過程中建立一種持續學習的文化。

企業都在鼓勵員工間以各種創造性的方式在日常工作、社群網絡和追求學習機會上互相幫忙。我們合作的許多公司都在內部網路設有線上的交流中心，用來促進同儕學習，其他有一些公司則是舉辦同儕學習的工作營，讓願意傳授同事特定技能的員工彼此間建立連結。

對於內向的員工來說，比起叫他們上台簡報，另一種更好的作法是請他們製作關於工作流程的影片來解釋重要工作的流程，這些影片可以張貼在公司的內部社群上。有些影片還可以在新人報到的時候給新人看。影片的長度通常以三到四分鐘的長度最佳，網路上也可以找到很多免費的影片製作資源以及錄製與剪輯相關的教學。

凱莉．帕默（Kelly Palmer）與大衛．布萊克（David Blake）在他們的著作《*The Expertise Economy*》（專長經濟）一書中，提倡將同儕學習正規化以建立員工的信心。他們指出，針對團隊成員更能互相學習與在組織內同儕學習最好的實踐方法，都有以下特徵：

1. **指派一位協調人**。指派一位可以依照會議主題組織同儕學習活動的人，這些活動可以是面對面的活動或是線上活動。
2. **營造有安全感的環境**。讓參與者不用害怕問問題和分享想法與經驗。邀請其他部門的專家「空降」來分享，讓大家可以向他們請益。

3. **聚焦於現實世界的狀況**。如果學習的活動能夠解決他們正面對的挑戰，團隊成員就更有意願參與且學習的效率會更好。

雖然現今的世界存在著許多不確定性，在職場的領域更是如此。但是我們確信，那些在未來會成功的領導者會把更多心力放在人才的發展。為了解決在我們這個時代貌似棘手的問題，並且讓我們的組織朝向更繁榮的方向發展，那些傑出的老闆將會更關注他們的員工，特別是在找到讓員工成長的方法。未來的成功將在很大的程度上取決於找到他們獨特的動力來源、工作風格和他們所具備的才能。

幫助員工規劃職涯的發展

- 研究顯示，年輕的員工更急於升職或離職，有超過75%的Z世代表示他們認為自己應該在工作的第一年獲得晉升。在職涯發展的道路上增加更多門檻可以幫助解決這個問題。

- 大約90％的年輕員工「高度重視」職涯成長與發展機會，而能夠有效激發員工學習動力的公司，有30％的機率更有可能成為產業的先驅。
- 有87％的千禧世代將工作的保障視為找工作時最重要的指標，而在經歷疫情衝擊後的世界，工作保障對千禧世代的重要性將更高。
- 以下這些方法可以降低員工因為職涯的發展方向所產生的焦慮：

①創造更多晉升的門檻
②指導員工超前達標的方法
③協助員工評估他們的工作技能與動力
④使用技能發展流程圖
⑤教育訓練要符合工作的實際需求
⑥為每位員工量身打造職涯發展的計畫
⑦仔細調整升遷的機會
⑧鼓勵同儕之間互相協助

第五章

從「不夠完美」到「很好，我會繼續前進」：協助團隊成員控制完美主義

漂亮的事物從來都是不完美的。

——埃及諺語

雖然「完美主義」一詞通常代表著極端要求完美無暇，而且往往被認為是煩惱的根源，但是我們身處的文化卻在各種層面上助長了完美主義。學校已經成為完美主義的溫床，辦公室也是如此。完美主義常常被誤認為是值得讚賞的堅毅特質、有著卓越的做事標準以及良性的野心。事實上，過去在面試碰到「你最大的缺點是什

麼？」這個陳腔濫調的問題時，我們總是被建議要以「我是一個完美主義者」來回答。知名的嘲諷文化藝術《辛普森家庭》（*The Simpsons*）就曾經嘲笑過這點。

在春田市核電廠接受工作面試，被問及最糟糕的人格特質時：

應徵者1：嗯，我是一個工作狂。

應徵者2：嗯，我總是太要求自己了。

只有狀況外的辛普森說出最誠實的答案——

荷馬：嗯，我學任何事情都需要很長的時間。我有一點懶惰。在我工作的地方有一些小東西會開始不見。

為什麼我們不該在工作中力求完美？事實上，有些人確實應該這樣做。我們理所當然地會希望，處理我們血液樣本的技術人員能夠按部就班地完成檢測。飛機的飛行員幾乎沒有任何犯錯的空間，這也是駕駛會配置副駕駛且需要大量電子儀器協助的原因。在許多的專業領域中，或是每份工作的某些面向，都會有需要完美執行的工作。舉例來說，我們與英特爾的團隊合作很多年，在重視製造過程的完美無誤上，很少有公司可以和英特爾比擬。與許多工業領域的企業組織一樣，英特爾也追求找到最佳化流程後就不再做任何改變。

因此，有時候人們確實有必要去要求自己遵守極其嚴格的標準。這種情況下，這些人不是完美主義者，而是因為他們是負責任的人。完美主義並不是想要「做對該做的事情」的某種理性要求，這是一種侵蝕性的衝動，而且，完美主義通常也會延伸至要求其他人完美，但自己卻無法接受任何批評。很諷刺的是，完美主義會嚴重影響人們的工作表現，許多雇主都已經將完美主義視為一種警訊。

有史以來最偉大的其中一位表演者，歌劇明星瑪麗亞・卡拉絲（Maria Callas）的故事就是很好的借鏡。卡拉絲在一九四〇與一九五〇年代，是演唱古典樂最暢銷的歌手之一，直至今天，她仍被許多人認為是有史以來最偉大的女高音。她是第一位同時具有表演天賦的歌手，她永遠改變了大家對歌劇表演的期望。然而，卡拉絲的職業生涯就是一個說明完美主義會侵蝕傑出表現的例子。

《華盛頓郵報》曾經報導過，她的母親很強勢，在她僅僅五歲的時候，就讓她在街上唱歌賺錢。當她「聲帶受損後，她的完美主義變得越來越嚴重」。卡拉絲力求自己的表現要完美，代價是犧牲健康和人際關係。曾經有一次，卡拉絲在史卡拉歌劇院排演前，被要求讓著名鋼琴家威廉・巴克豪斯（Wilhelm Backhaus）在她原訂排演的時間先排演一首協奏曲。卡拉絲嚴正地拒絕，說她不在乎那是誰：「我應該在三點開始我的彩排，告訴他，他的時段結束了。」在排練《米蒂亞》（Medea）歌劇時，她在排練休息時衝到附近的咖啡廳，當別人問她，「你手上拿著什麼東西？」她還緊握著道具匕首，心神無法從角色中抽離。

雖然卡拉絲擁有千載難逢的才華，但是她對完美的要求如此嚴苛，以至於最終影響了她的演出。在回顧她的職業生涯時，她說：「我從未失去我的聲音，但是……我失去了我的勇氣。」她的歌唱生涯在四十歲就止步了，相比之下，被認為是繼卡拉絲之後的史上第二的女高音瓊・蘇莎蘭（Joan Sutherland）卻持續唱到六十幾歲。

無止盡的成績單

雖然追求傑出的表現可以帶來突破，但是完美主義的追求卻可能導致人崩潰。

完美主義者不單純只是野心勃勃且勤奮的奮鬥者。佛羅里達大學布萊恩・斯威德（Dr. Brian Swider）博士的研究探討了奮鬥者（strivers）和完美主義者（perfectionists）的差距，他說：「是的，完美主義者努力達到完美的工作成果，而且比非完美主義者有更強大的動力與責任心。然而，他們也更常缺乏彈性或是標準過高，過度批判性地看待自己的行為，對自己的工作表現抱持著極端的心態。『我的工作要麼完美無缺，要麼就是徹底的失敗。』並且相信他們的自我價值取決於完美的表現。研究也發現，完美主義者承受更大的壓力、職業倦怠與焦慮的狀況也更嚴重。」

對於那些在完美主義中掙扎的人而言，人生就是一張永無止盡的成績單，上面是關於他們成就、外表、朋友是誰等等項目的評分，這是通往不快樂和諸多擔憂的快速道路。不健康的完美主義和良性的奮鬥之間主要的差異，是他們的期待是否符合實際狀況，並且知道何時該說「這樣就已經夠好了」。

完美主義有一個特別具破壞力的特質，而且他們自己通常都不會意識到這一點，也就是實際上的驅動力並不是要**做到**完美，而是要**看起來**完美。這會導致他們執著於不要失敗、用難以達到的標準要求自己，並且不惜一切代價避免公開犯錯。因此，他們會花大量的時間來修補事情，或是花很多時間在決定該採取什麼行動，而導致他們幾乎沒有完成什麼工作進度。

此外，完美主義者通常更需要正面的認可和認同，同時，他們害怕任何形式的負面評價或批評。研究顯示，完美主義會導致人們付出更少的努力，而並非投入更多，他們的潛意識會引導他們思考：「既然我沒辦法完全無誤地完成，那我就不用試得那麼辛苦了。」這樣負面循環的結果是，這樣的思維在人們工作落後或是因為工作表現不足而被批評時，會造成更大的壓力。

來自西北大學家庭研究所的治療專家與研究員班傑明・切爾卡斯基（Benjamin Cherkasky）對於完美主義這種扭曲的邏輯也有親身的體悟。他說，他在八年級時退出了競技游泳隊，但是自己明明就很喜歡這項運動，但問題在於，他並非如自己預期的贏得那麼多場比賽。切爾卡斯基回憶起自己的想法：「我又不是麥可・費爾普斯（Michael Phelps），我幹麼留在隊上？」好幾年後，他才意識到，不切實際的標準剝奪了他在泳池中的快樂。

完美主義還有最後一項影響，它可能會導致人們將自己孤立，並且讓自己從工作中抽離且和他人疏離。這會造成龐大的情緒痛苦，並且會成為焦慮的原因以及症狀。

雖然完美主義長期以來，一直是在員工身上會看到的一個問題，但是在近年，它卻變得越來越普遍。在二〇一七年由英國巴斯大學的湯瑪士・庫蘭（Thomas Curran）主導的研究中，分析了來自四萬多名美國、加拿大和英國大學生的數據資料，結果顯示，大多數的學生在以下方面的分數都明顯高於過去的世代：希望永遠不失敗不切實際的個人期望、察覺到來自他人的過高期望，以及給周圍的人設下不切實際的標準。

有大量的研究顯示，社群媒體正在加劇這種對失敗的恐懼，年輕人被迫要將他們自己的工作成就與同輩做比較（這通常是令人不快的），就像這些人在學校時會擔心自己是否可以獲得高分一樣。許多埋頭辛苦、只以好成績為目標的大學生，其動機是出於對負面結果的恐懼。普遍的觀念已經從「平均都有C級分就可以畢業獲得學位」變成「如果我沒有被一個好的研究所課程錄取，我就永遠負擔不起房貸了。」這讓許多學生有了追求完美的黑暗動機，並且帶來更多擔憂、壓力和焦慮。如果說二〇一九年的大學入學醜聞事件可以讓我們學到什麼的話，那就是學生和家長的焦慮，是極其明顯的，並且會讓那些有錢、有勢的人做出可怕的決定。年輕人從中所接收到的訊息是不幸的：就算要作弊也好，成功的人就該盡其所能地領先他人。

在我們那時候（年代有夠久遠），大多數用功的高中生只希望可以進大學，任何大學都好，真的。但是在現代的社會，學生努力取得幾乎滿分的學業成績平均積點（GPA）只為了進入「好的」學校，然後，繼續保持優異的成績以進入著名的研究所。為了實現這一目標，有錢的家庭聘請家教，並送他們的孩子去參加精心設計的社區服務活動，以增加孩子履歷上的亮點。而經濟狀況不好的家庭，孩子通常需要做兼職或全職工作，才能負擔學費，這讓他們學習的時間被縮減。學校讓學生互相競賽的行為，也無意間鼓勵了競爭這件事。現在，幾乎每所大學都有在使用的線上系統，會即時讓學生看到每一份作業和測驗的分數，以及班上的平均值與高分值，作為比較。

安東尼承認，他會在考試成績預計公布的那幾天，每幾個小時就檢查一次他的大學所使用的Canvas系統。直到大四時，他才意識到，只要低頭努力學習就夠了，成績一點都不重要。「我剛上大學的那幾年，當我想到我同時修四、五堂科學課，卻無法精通每一個課堂上學到的重點時，我會感到很沮喪。如果我想掌握下一個新的重點，有時候，我只需要對一些概念有基礎的理解就可以繼續了。」

安東尼說，他大一的時候壓力太大以致於退選了一堂課，因為他在這堂課一開始拿到的平均成績是C，然後在期中考又拿了D。「如果我當時用學習的心態看待這件事，我可能可以撐過去並且拿到可以及格過關的成績，我是來學習的，而且我在這門學科方面是新手，以我的第一堂認真的科學課程而言，就算是C也很好了。」

驅動著他的體制是一套鼓勵高分但不鼓勵良好的教育的體制。在這些地方，分數會促使學生有同樣的行為。當你的唯一目標是讓教授喜歡你，並且拿到A時，就沒有任何風險、探險或是純粹學習的空間。學生們開始把這整件事情視為玩遊戲，努力工作以生存下去，這樣他們就可以升上下一級。愛因斯坦在接近人生的盡頭前，告訴紐約州教育部，「一個社會的競爭優勢，不是來自於學校的乘法和元素週期表教得有多好，而是來自於學校激發了多少想像力和創造力。」

如何發現問題

在討論主管該如何幫助有完美主義傾向的員工，避免他們偏離軌道並按時完成工作之前，我們還有很重要的事要做，我們要簡單介紹一些不同類型的完美主義，他們有什麼樣的特徵，以及如何在團隊中發現這些徵兆。

不列顛哥倫比亞大學的保羅．休伊特（Paul Hewitt）與多倫多約克大學的戈登．弗雷特（Gordon Flett）的研究成果，將完美主義分為三種類型。第一種，當焦點向內**朝向**自己時，完美主義會導致對自己寄予不切實際的期待，並且嚴格地自我評價。這是「自我導向型完美主義」。第二種，當人們感知到**來自其他人**對於完美的要求（這包括老闆、伴侶、朋友甚至陌生人），他們會相信自己必須完美，才能獲得這個世界的認同，這些人就會受到「社會要求型完美主義」的折磨。最後一種，當完美主義的期望是**針對其他人**時，這些人就會對周遭的人寄予不切實際的標準，這是「他人導向型完美主義」。

這三種類別並不會互相排斥，人們可能會受到好幾種完美主義的影響，甚至是全部種類的完美主義的影響。但是，了解這些差異有助於找到幫助員工的最佳方法。我們可以問自己，某位員工是否過度苛責自己，對自己或自己的工作表示出苛刻的批評意見？是否有某位員工誤以為你對她的期望值，比你實際的期望值高？是否有員工對於同事或下屬所做的工作過度批判？

愛麗絲．博耶斯（Dr. Alice Boyes）博士是前臨床心理學家與《與焦慮和解》（*The Anxiety Toolkit*）一書的作者，關於發現某人是完美主義這件事上，她給予的建議是，完美主義者可能會需要過度的指導、似乎不願意承擔任何風險，並且在做每個決定時都好像這是生死攸關的問題一樣。最好是假定，那些表現出完美主義傾向的人，都有焦慮的症狀。

哈佛大學的研究也補充說，完美主義者在受到批評時會變得過度防衛。相比之下，良性心態的奮鬥者在追求卓越的工作成果時，通常能以從容的態度面對批評。奮鬥者往往可以從失敗中恢復，但完美主義者往往會在自己的失誤或他人的失誤上鑽牛角尖。既然如此，該如何幫助這些員工呢？以下是一系列我們所發現的方法，幫助主管領導那些有完美注意傾向的人。

方法一：釐清「夠好了」的定義

首先，花些時間思考一下，你自己或是組織的文化，是否對有完美主義傾向的人再推波助瀾？在我們指導領導者的時候常常會發現，他們不止要求自己和團隊要達到高標準，而是要求要達到不合理的標準。這樣一來，領導者在批評員工的工作時會過於嚴厲，他們專注於解決問題和滅火，就會佔用太多的時間，以至於許多領導者疏於給員工讚美，這會大幅加劇員工的焦慮。對於出色的工作表現適時有所反應，並在對的時間給予讚揚，可以讓每個人更有信心地知道自己所做的工作對團隊有多大幫助。這還可以幫助人們了解，可接受的工作成果範圍在哪裡，什麼時候「夠好了」就足夠了。

如果完全放任員工自己決定他們的工作是否達到標準，完美主義者就會過度思考、微調細節、質疑或是做得過多，例如幫每個人都做好盤點，而非只盤點他們被要求要盤點的產品，或是當他們的老闆真的只需要一份執行摘要報告時，他卻交出一份媲美《戰爭與和平》的鉅作。我們知道，大多數主管都不想將員工緊緊掌握，也會理所當然地擔心變成在做微觀管理，但是對於有完美主義傾向的員工，很重要的是要清楚引導他們，讓他們了解你所要求的標準。

安東尼表示，當他從化學實驗室轉換到生物實驗室工作的時候，這給了他很大的幫助。「在化學實驗室中，我們在試劑的秤重和測量上都很精準，會精準到小數點後幾個位數，」他說。「這非常耗時，要花費好幾個小時才能讓測量精準。秤被擋風玻璃圍住以防被我們的呼吸影響，如果我們靠在檯子上，秤上顯示的數字也可能會因此改變。當我第一次到生物技術實驗室工作時，我就以同樣的精準度為標準。」

當他仔細地用一支勺子量出一份海藻凍，在秤與容器間反覆舀出海藻凍、進行微小分量的調整時，他的研究室負責人就介入了。她向他解釋，在這個生物技術實驗的程序中，這樣的完美主義是沒有必要的。他們只是在做供細菌食用的果凍，而不是在分裂原子。他說：「她幫我改掉了這個習慣，這讓我可以把更多的時間花在那些確實需要更高精準度的事情上，這也絕對有助於我成為一個更熟練的實驗室成員。」

博耶斯博士建議，讓員工清楚知道，他們可以將某些工作事項視為重要性低於其他工作事項，並且訂定規範讓他們遵守，她的經驗是，這可以大幅降低完美主義者的焦慮。她還建議派人指導資歷淺的員工，讓他們了解工作從頭到尾的流程，透過示範讓資歷淺的員工了解完成工作的方式，並且向他們分享好的標準的實例。

方法二：學習創業者的智慧

近年來有許多關於在創新的過程中利用「最低限度的可行產品」的文獻資料。請注意，最低限度的可行性，不代表產品很差。這代表某個產品成熟到一定程度，已準備好接受消費者的測試，這樣你就可以從中進行改進，讓產品變得更好，即使「最低限度的可行產品」可能是不完美的也沒關係。這個過程被稱為精實創業（lean startup approach），它對於公司加速產品與服務的開發有很大的助益，因為消費者參與了產品設計的過程，所以最終的產品可以更優化。

哥倫比亞商學院的教授莉塔・麥奎斯告訴我們，邊做邊學的作法，在減輕人們對於失敗的恐懼上很有幫助，而恐懼失敗正是完美主義者嚴重的一項問題。如果員工擔心著「失敗會破壞他們的工作成績，」她說，「比較容易的是乾脆不做決策，或是他們可做出分散風險的決策。」這個問題可能會對企業造成很大的影響，根據 Forrester Consulting 所做的一項新研究，在所有產品中，有三分之一的產品都是延遲交貨或是交貨不完整，肇因於無法做決定或是延遲做決定。

麥奎斯有一套很棒的方法，可以處理「做中學」的學習文化所造成的失敗問題。主管應該和所有團隊成員討論這項建議，而不僅僅是針對完美主義者。她強調，「在一個創新的組織中，你會希望鼓勵每個人都要採取行動。」每個人在過程中所投入的部分都可以進化，但是如果他們不勇於提出自己的想法或是將產品呈現給大家評估，那麼「突變的」產品優化版本就不可能出現。

談到創新時，她說，「確實，大多數突變的產品都是失敗的，但只要是可以從中突破的產品，卻都大有可為。」完美主義者孜孜不倦只為了要有傑出的工作表現，但是對所有員工來說，期望透過學習而達到傑出的表現，這兩者之間在本質上是相同的。我們建議主管要引導員工理解，最好盡可能按時完成他們的工作，並且拿出某些成果公開讓大家評估。這樣，他們就可以得到其他團隊成員、領導者，甚至客戶的意見，而不會陷在焦慮擔憂的精神牢籠中。透過這種方式持續進步，是幫助完美主義者以及所有員工培養「成長心態」（growth mindset）的好方法。

史丹佛心理學家卡蘿．杜維克（Carol Dweck）在她的著作《心態致勝》（*Mindset*）中介紹了這個概念，我們也在此向所有主管推薦這本書。她的研究顯示，有些人可能會有成長心態的傾向，也就是他們相信自己的智慧和才能可以進一步開發，並且願意嘗試新的策略與尋求他人的幫助。其他人則是可能有著「固定心態」（fixed mindset），這讓他們相信，自己的才智是無法改變的，他們在特定領域的才能也不會隨著投入的時間而越來越進步，例如，「我就是不擅長跟科技有關的事情。」這會使他們無法面對新的挑戰。此外，具有成長心態的人通常會認為，對他們的工作有關的批評是建設性的，而且有助於他們改善。培養成長心態有助於投入可能會令人氣餒的工作中，並且不會因為需要完成工作而覺得焦慮，或是，碰到需要改進的狀況時，也不會陷入自我苛責。

我們和一位承認自己有完美主義傾向的高階主管談過，他自己的老闆指導他用成長心態的角度去看待他與團隊所做的工作，這件事讓他受益匪淺。

FYidoctors 的總經理達西．維爾洪（Darcy Verhun）告訴我們，「我總是習慣逼自己，我發現這讓我變得也將其他人逼得太緊。」他與我們分享一個例子：「幾年前，我們使用一系列的視覺呈現，用越來越高的高山來表現我們的目標。我們在每座山的山頂標示我們的目標，稱此為『遠征』。當我們一起努力達成某項目標時，我們會在我們一起『攀爬』抵達的山頂上放上一面旗子。到了第三季結束的時候，我意識到，我沒辦法在所有的山頂上都插旗。我很討厭失敗，所以當見到我們的創辦人與董事長時，我的汗流個不停。我們在延伸性目標上只達標了60％，其中有兩個重要的里程碑完全失敗了。」維爾洪向他的老闆表示，他對於團隊的表現以及他作為領導者的失敗感到非常沮喪。他們的對話如下：

董事長：你本來覺得我們會實現所有這些目標嗎？

維爾洪：當然，我們都寫下這些目標了，團隊也都同意了。

董事長：達西，如果我們真的達成我們所有的目標，那就代表，我們的夢想不夠遠大。

維爾洪：但是有兩個里程碑都徹底地失敗了，這兩個項目永遠都不會實現了。

董事長：你有從這上面學到什麼嗎？

維爾洪：有，我學到很多。

董事長：好的，那太好了。那我想，我們會從這些失敗的過程中汲取教訓？

維爾洪：是的

董事長：那很棒啊。繼續努力吧，下一季見。

維爾洪說，他在公司對不同的員工說過好幾次這個故事。「這是很好代表我們企業精神的例子：我們將嘗試、在學習的過程中調整、修正錯誤，並且共同努力達到結果。我們永遠都不會完美，但是我們將永遠追求卓越，」我們認為這位董事長所傳授的智慧是很棒的故事，值得與所有的完美主義者分享。

Simplus 執行長萊恩．偉斯特伍德告訴我們，「若是領導者可以對自己的焦慮抱持公開的態度，將可以很大幅度地幫助到完美主義者，這可以讓人們感到安心，讓每個人都被允許做自己。上週我們進行了一項領導力的訓練，我在活動中講了在最近一次的收購中，我搞砸了管理團隊獎勵機制的故事。我們未能將團隊的利益最大化，我談到經歷這個過程有多困難，以及這給我帶來多大的壓力。參與電話會議的員工幾乎感覺像是都鬆了一口氣。他們貼出許多回應的留言，說很感激可以聽到他們的執行長也會搞砸事情。」

我們所訪談的另一位主管也針對這個問題分享他在公司中所強調的概念。羅蘭．利根伯格（Roland Ligtenberg）是 Housecall Pro 的創辦人，這家公司位於聖地牙哥，是擁有八年歷史的軟體公司，公司約有一百五十名員工。他親眼見過完美主義導致公司整體的焦慮程度加劇，因此他開始以此指導員工：「在我們的世界裡，完美主義就是完成工作的敵人。」

當然，就算是如此具有智慧的指引，如果團隊的文化是對於犯錯嚴格以待，那這對於幫助完美主義者或是幫助大多數的員工克服失敗的恐懼，可能還是不夠。因此，重要的是要公開讓團隊公開知道，他們在碰到問題時應該要讓你或是他們的老闆知道，然後，你們會一起努力解決問題。

方法三：視失敗為學習的契機

在二〇二〇年新冠肺炎疫情大流行的時候，我們曾經旁聽我們客戶領導團隊的電話會議，這是一家連鎖餐廳，時間是母親節剛過的星期一早上。那個時候，每家餐廳都需要每一分錢來維持最基本的電力，但是在那個週末，線上的訂購系統故障了好幾個小時，損失了非常多的收入，而且惹惱許多點餐失敗的客戶。

全國各地受影響的分店負責人，在這次電話會議的一開始就主導談話，資訊長應該覺得很尷尬吧，但是，主持會議的執行長告訴大家，他們的公司文化中沒有指責。「我知道我們度過了辛苦的一天，但是我們不會互相指責，」他說。「沒有人希望這種情況發生，我感謝埃米爾（也就是資訊長）以及我們的IT團隊在這一天處理問題，讓我們系統可以恢復並且繼續營業。讓我們好好討論，我們在這次事件中學習到什麼，以及接下來可以如何做更好。」

接下來大家花了一個小時腦力激盪，討論從這次的挫折中所學到的教訓，以及該投資多少時間、人力和科技來改善。到了父親節的時候，資訊長的團隊已經準備好備用系統，以及做了多次系統備份，以備不時之需。在領導者採取「同事都盡力了」的假設之中，這是我們見證的其中一個最有建設性的案例，在這個例子裡面，團隊可以一起合作，並理解當失敗發生時，我們可以因此而變得更好。

我們曾經目睹其他企業組織的會議，最終演變成指責大會。我們也碰過許多員工講述因為犯錯而受到公開譴責，對他們造成了破壞性的影響。被斥責這件事對任何員工而言，都是猶如臉上被扇一大巴掌，可能會引起羞恥並讓人失去勇氣。

當艾倫．穆拉利（Alan Mulally）於二〇〇六年時接任福特汽車公司的執行長時，他所承接的企業文化，是領導階層的人都對失敗有種不健康的恐懼。高層主管的會議變成批鬥大會，員工會試著指出彼此計畫中的缺陷，而不是提出建議的解決方案。穆拉利告訴我們，他因此開始提倡一種新的工作觀念，「我們一定會碰到問題，這是不爭的事實，所以我們需要所有人的幫助來解決這些問題。」

他花了好幾週才說服這些領導者，他們的工作是安全的，但是在一次會議上，北美區總裁馬克．菲爾斯（Mark Fields）冒著風險承認，他所管轄的一項新車發表計畫將會延遲。其他高階主管都很緊張地觀望著。穆拉利說，「我可以從大家的眼中看出，他們覺得馬克身後的門即將打開，會有兩位壯漢進來把他帶走。『再見了，馬克。』」

這並沒有發生，反之，穆拉利開始鼓掌並說，「馬克，非常感謝你，這是很好的管理能見度。」然後他問小組，「我們有什麼方法可以幫助馬克嗎？」幾秒內，房間裡的眾人就開始拋出想法了。穆拉利說，這些事情只發生在一眨眼間，但是改變了一切。正如他經常對組織中的領導人說的，「你**碰到**了一個問題，但**你**並不是問題本身。」

方法四：定期確認工作進度

雖然主管絕對不該對團隊微觀管理，但是我們建議主管應該密切追蹤團隊成員的工作進度，這對於完美主義的成員來說尤其重要。領導者可以幫助他們了解到他們的工作都進展順利，如果有耽擱或是方向錯誤的話，也可以儘早發現。

在設計一套確認進度的機制方面，SpaceX 是很好的例子，SpaceX 的主管找到一套方法來為他們最重要的客戶更快做出決策，也就是美國太空總署NASA。一直到最近，NASA在有任何需求的時候，還是會用發送傳真（不開玩笑）的方式溝通，SpaceX每週都會召集五十人的團隊來解決每個問題，然後再回覆NASA。使用協作的科技後，SpaceX現在讓NASA清楚掌握每個專案的能見度，NASA可以知道是哪一位SpaceX工程師在負責哪些零件。NASA可以直接與這些工程師交談，並且即時做決策。這樣的合作方式讓SpaceX花在等待定義產品需求上的時間減少了50%，SpaceX也取消了成本昂貴且每週需花四小時的進度會議。

要減少確認進度所造成的焦慮，關鍵是在這些進度確認的溝通上，讓員工擁有更多的掌控權。意義不明確會造成焦慮，因此不要使用主觀的衡量標準，使用個人和團隊的工作路線圖，來評估成員在達到目標這件事上有多少的進度。此外，要將進度確認設計成固定流程的一部分，當他們成為生活中預期會發生的一部分，而不是突擊檢查時，報告的焦慮就會大幅降低。最後，當主管非常努力在幫助員工解決問題，或是在進度確認的過程中，處理員工無法按時完成工作的狀況時，只要主管的出發點是來自於諒解，就有助於建立一種關係，成員知道他們需要負責任，但是，會是以正向的方式承擔起責任，而且他們的主管會幫助他們成功。

方法五：組成合作的小組

另一種幫助完美主義者發現他們的完美主義傾向，並且讓他們可以改變的方法，是將他們與沒有這些問題的員工配對成一組。一位與我們交談過的主管提供給我們很好的例子。

莉茲告訴我們，她有一位銷售代表莎拉總是會糾結於不必要的細節，這讓她很抓狂。例如，交每月的銷售報告時，莎拉的報告總是比莉茲需要看的東西還要更詳盡，包括好幾頁根據她的銷售表現所做的圖表。莉茲好幾次坐下來與她好好解釋，這樣的細節是沒有必要的，也是任何主管都無法處理的。莉茲希望她可以將這些多的時間花在打電話給潛在客戶上，因為莎拉開發陌生客戶的電話數低於團隊的平均標準。然而，幾個月過去了，莎拉還是一直交出這種報告。當受到質疑時，她會說，「我無所謂，這有助於我理解事情。」事實上，莎拉無法克制自己不要這樣做。

莉茲意識到她需要採取不同的方法時，她使用了一種策略，而結果證明這是更有效的方法。當她發現莎拉卡在工作中不必要的事情時，她將莎拉與另一位不太注重細節的人組成一組，所以莎拉只能被迫接受「夠好了」的結果，以便在截止日期之前完成工作任務。當莎拉開始因為以團隊為主且按時完成的工作而受到表揚後，莎拉就開始慢慢改變了。莉茲還是繼續定期與莎拉開會，幫助她提高她的自我意識。莉茲沒有要求她去改變，而是邀請莎拉積極參與指導的這個過程，並讓她思考該如何讓自己更能夠意識到計畫截止日期的緊迫性，以及她應該將大部分的時間花在哪些地方。

莉茲說，因為她的耐心，結果莎拉成為了一個更有自信、具備更強烈自我察覺並且完成許多工作的銷售員。

方法六：公開討論問題

我們了解，和別人討論自己是完美主義者這類的個人問題，可能會讓人感覺非常不自在。但是只要採取正確的方法，公開的討論就可以真實地拓展人們對於這項議題的看法，然後，隨著對完美主義的認識更深刻，問題就可以大幅改善。但是有許多有完美主義症狀的人，並不認為狀況會是如此。班傑明．切爾卡斯基（Benjamin Cherkasky）就是很好的例子，他花了好幾年的時間，且在他拿到了西北大學諮商心理學的碩士學位後，他才意識到自己的完美主義傾向。我們發現，主管與員工討論這個問題且幫助員工正視這個問題的最好方法，是善意地點出他們喜歡把事情做到盡善盡美，而且這是值得讚許的特質。由於討論某人似乎有些完美主義的傾向可能會導致對方有防衛心，因此你需要注意措辭。

請參考下方的對話。這是主管和員工之間典型帶有善意，但是卻可能造成員工激烈反應的對話：

傑瑞德，你的標準很高，就像我一樣。我看到你總是試著注意所有的細節，而且所有事情都要做對。這可能是一件好事，但是，因為我希望你能在組織裡面繼續往上爬，讓我教你這件事，這是我的切身體悟。專注於將事情從九十五分進步到一百分只會困住你自己。你在追求完美的時候，可能會讓你的視野過於狹隘，而且會讓你花費更多的資源才能邁入下一個專案。讓我舉例告訴你，我最近在你身上看到的完美主義傾向……

這並不算是很糟的對話，但是請注意在下一段對話中的細微差異（以粗體標示），也請注意主管如何讓對話更個人化，並將責任從傑瑞德身上轉移到問題本身：

傑瑞德，你的標準很高，就像我一樣。我看到你總是試著注意所有的細節，而且所有事情都要做對。這可能是一件好事，但是，因為我希望你能在組織裡面繼續往上爬，**讓我告訴你一些我不得不學到的體悟**。專注於將事情從九十五分進步到一百分只會**阻礙發展的機會**。在追求完美的時候，**很容易會讓人視野變狹隘**，可能會花更多的資源才能邁入下一個專案。**讓我舉例告訴你，我在你身上看到哪裡可以適用這個概念**。

在這兩個例子中，主管都立即展現與傑瑞德的連結，表達在該問題上的共同點。她讓傑瑞德知道，她了解他這麼做的原因，並且解釋他們兩個都是有高標準的人。做得很好，這營造了一種自在的氛圍和連結度。然而在第一個例子中，我們相信「讓我教你這件事」直接指出有問題需要解決，這會讓傑瑞德意識到自己即將被糾正，他可能需要維護自己的感受。在第二段對話中，當主管說，「讓我告訴你一些我不得不學到的體悟」，這給人的氛圍是，她即將分享她在職場中所學到的智慧，感覺這段對話是一個學習的機會，而不是一段為了改正問題的對話。我們可以想像傑瑞德聽到此，身體會往前稍微靠近。

同樣地，在第二個例子中，這位主管避免使用針對「你」的陳述，而是使用「很容易會讓人視野變狹隘」這樣的表達方式，而不是「可能會讓**你的**視野過於狹隘」。這不是在玩文字遊戲，這樣的重點在於可以幫助團隊成員理解這段對話的意義，讓他們意識到，這是關於改變行為的建設性討論，這是在幫助員工學習和成長，而不是對員工整體價值的批判。

在進行這些討論的時候，另一個幫助完美主義者接受工作上必要的改進，卻不會讓他們處於防衛狀態的好方法，是請他們自己提出解決方案，詢問他們在未來可以採取哪些不同的作法，來讓專案的進度維持在正軌上或是更快做出決策。

即使使用了這些方法，完美主義者在收到回饋時，還是可能會生氣，而且他們可能會將他們感到被指責的這股憤怒情緒，發洩在團隊或甚至他們的主管身上（也就是你）。當然，這是無法接受的行為，但也請你記住這點，這是他們本能的反應。那些防衛心重的人，可能在過去有過負面的經歷，讓他們憂心會被認為是不夠格的。對於身為領導者的我們來說，傳達我們在意員工感受的訊號，可以讓他們感到更有安全感並且減少言語爭執，這也有助於減少之後他們被批判的可能性。

在第六章中，我們會分享一套有助於更直接給予回饋的方法：點出問題、釐清價值、擬定解決方案。與其說像是「你太負面了」，不如闡述一個你所看到的問題，例如，「我想和你談談你週四時和ＡＢＣ公司的那通電話。」然後，你可以接著將這個例子連結到你希望團隊擁有的核心精神：「我們的價值觀之一是為彼此和我們的客戶營造一個正向的環境，因此，我們會努力在每次通電話的時候都維持友善的態度。」最後，你們可以一起擬定一個讓事情過去的解決方案。如果已經這樣做了，卻還是引起對方防備的反應，那主管應該縮短討論，找另外一天再議。簡單的一句「你先思考一下，我們可以下週碰面再討論」可以讓他們的防備心降低，你的回饋意見也會有空間被對方吸收。

管理完美主義

- 有些工作在執行時，確實需要維持正確無誤。完美主義不是理性地追求在必要的時候把事情做對，完美主義是一股要追求完美的有害動力，同時也往往會期望他人也要事事完美。
- 完美主義者可能會花大量的時間在小地方鑽牛角尖，或是對決策猶疑不決，以至於工作效率低落。
- 不健康的完美主義與良性的努力之間的區別，在於是否能夠訂定符合實際狀況的期望目標，並且知道什麼時候該放手說「這樣就夠好了」。
- 如何辨識某人是否有完美主義者的傾向？注意那些可能需要主管過度指導、不願承擔任何風險，並將大多數的決定都視為生死攸關的人。他們在受到批評時，會變得過度自我保護，也可能會在他們自己或他人的錯誤上鑽牛角尖。
- 以下這些方法可以幫助主管引導有完美主義傾向的人：

① 釐清「夠好了」的定義。

②學習創業的智慧。
③將失敗視為學習的契機。
④定期確認工作的進度。
⑤組成工作夥伴小組。
⑥公開討論這項議題。

第六章
從迴避衝突到良性辯論：幫助團隊成員勇敢表達意見

別提高音量，強化你的論點。

——戴斯蒙．屠圖（Desmond Tutu）

主管普遍都會對我們抱怨的一件事情，就是現在他們的許多員工都會迴避衝突，當碰到意見相左的情況時，他們會躲開、無法面對誠實的回饋意見，並且不願意參與艱難的對話。這些主管所談到的員工，不只是害羞的人，連我們訪問過的一些工作表現最好的員工，也承認他們會迴避不自在的情況，並且抑制自己說出誠實的回饋。通常他們擔心的，是自己是否可以保住工作。

職場的衝突是許多員工焦慮的肇因，尤其是年輕的員工。但是，辯論在職場上有其必要性，是無法避免的。話雖如此，我們確實認為同事間可能會出現不健康的爭執，這會破壞有效的團隊合作。主管應該正面解決被刻意挑起的那些緊張情勢，並且給予挑起敵意的團隊成員額外的指導。但是敵意和辯論之間，仍有著很大的區別。

高階領導力顧問康妮．迪肯（Connie Dieken）是一位多次榮獲艾美獎的廣播記者，也是《*Become the Real Deal*》一書的作者，她說，領導者是否營造出信任感與透明度，會造成了很大的不同。

「領導者是否正確做到這點很重要。團隊中若是坦率溝通的程度很低，就可能會因為防衛意識、感情受到傷害與隱瞞而導致工作表現不佳。當領導者營造出公正坦率的氛圍，並且歡迎大家都坦率表達他們思考過的意見時，大家會直接且誠實地分享他們的想法與問題，而不用擔心會造成什麼不良的影響或是被批判。」

在我們的諮詢工作中，我們很驚訝地發現，在高效表現的團隊中有這麼多的歧見和激烈辯論。在這些具備高度信任和高度坦率的團隊中，團隊成員告訴我們，大家都很歡迎辯論，這可以導出創造性的解決方案，而且可以高度激勵團隊。畢竟，我們在生活中的其他領域，不是也都在辯論嗎？我們發現，當團隊成員有發言的自由，且知道他們的意見會被聽見時，就可以增加他們的投入程度、強化心理的安全感，長時間下來將可以強化個人的自信心與自我負責的態度。激烈地溝通交流不同觀點已被證實可以強化團隊在許多不同層面的表現，尤其有助於團隊腦力激盪，發展出令人興奮的新創意。

最好的領導者透過以下方法來促進這件事：

- 鼓勵員工在安全的環境中進行大量的良性討論。
- 制定辯論的基本規則，並且鼓勵不同的意見。
- 制定一套讓大家冷靜下來的流程，在碰到爭執的時候使用這套流程來恢復秩序以及還給參與者安全感。
- 在處理棘手議題的時候，要求團隊成員以事實為基礎澄清他們的觀點。
- 在辯論得出結論後，要制定後續明確的計畫和時間表。

然而，對於高度傾向於躲避衝突的員工而言，當他們看到辯論正在醞釀時，他們很可能會感到不安而導致他們逃跑或是停住不動。迪肯補充說明，有些人會試圖粉飾事情以避免任何的衝突：「他們寧願說謊也不願意參與令人不舒服的討論。這些人通常都是習慣取悅他人的人、完美主義者以及高度焦慮的人。他們會迴避，以避免由他們口中說出不受他人歡迎的話。」其他有這些傾向的人，也可能會回到消極但具攻擊性的行為模式中。他們非常害怕在團隊中說出真實意見，他們更樂於將這些意見保留給自己。

對於那些厭惡衝突的人來說，少數團隊成員積極地分享他們的觀點，或是對他們的觀點很有信心，都可能讓他們覺得自己受到威脅。為了緩和同事間的緊張感，他們可能會攬下不該承擔的責任，只為了平息辯論，而這會讓他們自己的焦慮變更嚴重。因為他們過於重視和諧與關係，以至於他們願意過度犧牲，這包括犧牲他們自己心理狀態的穩定，以維持團隊關係的完整。

有些人可能在個人的生活中，也都處在這樣的模式裡面。有些朋友可能很喜歡他們，因為他們感覺非常友善，但是另外一些朋友則可能會利用他們害怕衝突的心態。**我知道賈桂琳對貓過敏，但是她會在我們不在的時候幫忙照顧貓，她人很好。**

這些討厭衝突的人很難拒絕、也不想惹惱別人，所以他們經常會覺得自己的好意被別人濫用了。

從衝突到合作

值得一提的是，主管該如何區別某人的行為是源自為團隊合作著想的健康心態，還是源自於厭惡衝突的心態？以下是有助於發現員工有厭惡衝突傾向的線索：如果他們避開艱難的談話，即使這些討論有其必要性；如果他們在氛圍變得緊張時，試圖改變話題或是逃離現場；如果他們對於員工會議或是動腦討論時的爭論感到不自在；或是，如果他們拒絕在會議時表達他們的感受或想法。

當主管認為團隊中可能有迴避衝突的問題時，他們可以和員工一起解決這個問題。主管可以給予員工大力的幫助，讓員工學會為了自己挺身而出。主管還可以幫助員工學會，在點頭同意任何違背他們價值觀的事情之前，先花時間思考自己的觀點，並在受到挑戰時堅持自己的立場。

迪肯建議領導者幫助他們的員工了解，粉飾太平其實是一種自私的行為，而「坦率的表現就是一種給予，雖然你可能會試著顧慮另外一個人的感覺，但是粉飾事情只是一種表面上看起來會讓別人更喜歡你的作法。如果你過濾掉壞的消息，你就是在害別人失敗。雖然他們可能不想聽到這些消息，但是當你給他們正確的資訊時，你就可以幫助他們做出更好的判斷。」

在某些情況中，我們會發現整個團隊或是組織的文化，可能都是以避免衝突為導向，這對於那些希望團隊打破現狀的員工而言，會造成很大的挫折感。在領導具有這種文化的團隊時，主管在引導小組討論時，就必須扮演讓大家都更有參與感的重要角色。FYidoctors的總經理達西．維爾洪就是開始意識到這個角色的領導者之一，他告訴我們，「我們現在透過不同的視角在運作，也就是Zoom會議。這也代表，可能不是每個人都可以或是能夠口頭參與對話。前幾天，在一次重要會議中，我強烈地感覺到，我們沒有充份善用每個人的智慧。所以，當我們已經在做結論時，我停下來問在Zoom電話會議中的每個人，『你對這個議題有什麼還未表達的想法嗎？』結果這個問題帶來顛覆性的結果。我們已經有結論了，但是在我們聽到大家針對我的問題所做的回答後，短短十分鐘內，我們就決定要調整決定，這讓這個決策變得更好且更完善。」

維爾洪補充說，「在那通電話會議後，我收到團隊的電子郵件，說我問的這個問題展現出強大的領導力，我刻意讓每個人都參與其中，同時也願意接受他們的觀點。這讓我停下來並意識到，我們的整個領導團隊在做重要決策時，都需要用類似這樣的包容性角度來做決策。讓所有意見都有機會被聽到，有助於團隊成員處理他們自己在做關鍵決策時所碰到的任何不確定性，並且讓他們對於解決方案感到更有參與感。」

另一位在他的職涯中，能夠在不同的領導角色都帶入包容性觀點的主管，是馬克．貝克（Mark Beck），我們認識他的時候，他是丹納赫的高階主管，這是一家擁有七萬名員工的科技公司。而他現在所管理的是包括好幾家公司的精密製造業的集團，名為 B-Square Precision Group。貝克說，為了鼓勵良性的辯論，他可能會選擇跟某位觀點受到攻擊的人站在同一陣線，即使他不一定同意此人的論點。他不是想要什麼花招，而是要表明，此人提出了某種合理的思維，這應該要獲得大家的尊重。

他說：「當領導者這樣做時，攻擊者通常會有些退卻並且語氣放軟。」

貝克還有另一套讓他的員工持續提供意見的方法：「當所有的論點都提出後，一位領導者需要做出決策，你還是可以表現出一種看起來沒有人贏、也沒有人輸的態度，一個領導者可以說，『雙方的論點都很精彩，我可以明白選擇任何一方都有其合理性。但是我們必須做出決定，我認為我們必須選擇這個方向到原因是……』然後，下一次碰到同樣的狀況時，團隊成員將不會害怕表明立場。而且沒有人會覺得他們輸了，每個團隊成員都知道，領導者感激他或她的誠實意見。」

迴避衝突與和事佬

但是，我們也不想貶低團隊中「和事佬」的角色，調解的能力不僅是個人職涯發展的重要資產，還可以是整個團隊的資產。而一個本性傾向於避免衝突的人，在理想的狀況下，可能會成為修補團隊破碎關係的重要角色。

我們很欽佩耶魯的艾瑪．賽普拉（Emma Seppälä）博士與密西根大學的金．卡麥隆（Kim Cameron）博士所提出的觀點，她們的研究顯示，對團隊的工作表現帶來最多正面影響的員工，會凝聚和團隊成員以及和組織成員的社交連結，這些人非常善解人意，會不遺餘力地幫助他人，並且有助於營造有安全感的團隊文化，這樣的氛圍也有助於鼓勵其他人表達自己，即使這些討論可能是艱難的。

賽普拉和卡麥隆所描述的理想狀況是，在需要辯論的時候，身兼圓融與強悍兩種特質的人，這是一個很棒且平衡的定義。但如果擔任和事佬過了頭，為了避免衝突而做出行動，就會導致大量情緒耗損與焦慮，尤其是會加劇自我批判。我們訪問過的人之中，許多承受高度焦慮折磨的人都說，他們對於團隊中的衝突，或是對於和家人或伴侶在家所發生的衝突，都感到內疚。就好像是他們失敗了，因為他們無法為他們周遭的人帶來和諧與平靜的生活，也未能解決所有人的問題。

工作中會出現的另一個問題：因為他們非常努力在和別人相處，他們可能會接收其他人多餘的工作，而變成大家倒垃圾的地方。例如，他們會主動幫壓力過大的同事收拾殘局，而這會讓他們自己更加焦慮。

最大的諷刺是，衝突迴避者為了避免戲劇性衝突而做的種種努力，往往會讓自己的焦慮變嚴重，而不是減輕。迴避衝突的行為是來自不健康地把注意力放在別人對自己的看法上，以及在內心深處相信自己不夠好，或是相信，只有當自己非常友善的時候，別人才會喜歡。因此，領導者更應該鼓勵所有團隊成員都表達自己的意見，並且展現出所有意見都有其價值的態度。

與此相反的是，團隊中有些具有強勢個性的成員，他們的意志可能會在團隊中造成緊張感。這些人似乎在碰到衝突的時候更有能量。龐大的自尊沒辦法忍受被忽視（就是字面的意思），這時，主管就必須插手干預。主管必須訂出界線（例如在會議中不能打斷別人發言），主管也必須給其他人平等的發言時間，並且適時禮貌地打斷佔用過多時間發言的人，然後將談話重新引導回正題上。重要的是，主管與那些強勢個性的人要做一對一的單獨面談，幫助他們了解，為什麼團隊在辯論的時候需要聽到每個人的意見，也時不時讓他們發洩一下，讓他們有機會向主管表達所有的想法跟創意而不會佔用到寶貴的團體時間。

千禧世代與衝突

年輕的員工特別不擅長人際互動與解決衝突。我們所碰到的一些年輕人承認，他們寧願發訊息給某位和他們有問題的人，而不願意透過電話或是當面交談。對於許多新的世代而言，面對面太個人了。一位在智慧手機店面工作的千禧世代諷刺地告訴我們，「我希望可以關掉手機上面的電話功能。」

在討論衝突時還有另一個有趣的曲解是，許多年輕員工可能將堅定的語氣或是不同意的意見誤解為譴責，但說話的一方可能既沒有提高音量，也沒有脾氣暴躁。在我們訪談時，有一位員工給我們看他和四十幾歲的老闆之間的一串有趣訊息，來說明這一點。他在週五晚上比較晚的時候，收到了這些訊息，內容如下：

老闆：收到你的報告了。

員工：報告都沒問題嗎？

老闆：還沒有細看。週末愉快……

這位年輕的員工認為，他的報告應該有什麼問題，所以他在週末的時候重新檢視了幾次報告，甚至在禮拜天的晚上寄給老闆一份修改後的報告。我們必須承認，這些訊息對我們來說是非常無害的內容，但對X世代和嬰兒潮世代就不是這麼回事。

這本書的作者之一，也是唯一一位千禧世代的安東尼解釋，年輕人對於第一封訊息的回應：「在發訊息時，句點可能就代表著壞消息，而在這個案例中，句點被認為是『結束討論』。但是最大的問題，是他根本沒有說『謝謝』或是『在時限前完成工作，做得好！』這等於是沒有給任何反應。」

至於老闆傳來的第二段訊息更糟糕。「那個不祥的點點點是什麼意思？過完週末後，會發生什麼事情？」安東尼問。「如果沒有任何非語言的背景資訊來賦予標點符號意義，一個焦慮的人在讀到這些訊息時很容易將訊息中模糊的部分解釋為不贊同。」

他繼續說，「被譴責不一定和事情的大小有關，這是一種感覺。你只是**對著**我說話，而不是與我對話。」

我們鼓勵這位年輕員工與他的老闆（當面）討論這些訊息，他之後告知我們，他的主管似乎真心感謝他提出這些回饋，並說，他不知道他的訊息會被這樣解釋。

事實上，這位主管反而認為，自己是在鼓勵這位年輕人按時完成工作。而這位老闆也承諾，之後他會更有意識地發訊息。

辛辛那提的心理學家琳達．格拉維特（Linda Gravett）指出，「針對這個問題，企業可以幫助千禧世代以及所有員工的最好方法，是將像這類世代交替的問題視為職場的多樣性……包括年紀、受教方式與溝通方式」都是多樣性的不同面向，而我們必須用這種角度去思考這個問題。

黛布．穆勒（Deb Muller）是 HR Acuity 的執行長，她指出，許多年輕員工都很重視和諧，並且希望在一個**感覺**良好的地方工作。「缺乏面對面的交流，加上對和諧的強烈渴望，你就會有一整群在很大程度上信奉要極端避免衝突的人。」她建議領導者要試著幫助他們的所有團隊成員了解，**為什麼**衝突是引發改變與進步的必要因素。「任何口頭表達擔憂，或是適當處理衝突狀況的員工，都該受到鼓勵和讚揚。」

我們也見過主管公開獎勵並且鼓勵這種行為。例如，如果主管沒辦法讓團隊中的任何人站出來挑戰現況，他們就會請一或兩位員工扮演這樣的角色，在會議中表達意見並且和主管爭論，以展現出辯論是受到鼓勵的行為。

最後，主管必須在這個過程中以身作則，自己必須對新的想法抱持開放的態度並願意接受挑戰。對此，在Google負責高階主管指導與發展的總監大衛．彼德森（David Peterson）博士告訴我們，「如果你不是真心感到好奇，也不願意改變你的心態，這遲早會被大家識破。**幹麼問我們的意見？反正不管怎樣，你都只會用你想要的方式去做。**」

他繼續說，大多數主管**都比**團隊成員更有經驗、視野更廣，也掌握了更多的資訊，因此，如果還要求團隊成員提供主管不會參考的意見，那就是虛偽。「當你面對複雜的狀況，當你盯著迷霧而看不到答案時，這就是對話、交流與參與真正重要的時刻。」他說。在這樣的時刻請大家提供意見，將帶來真正的突破，同時也可以創造讓每個人都覺得受到重視和有參與感的環境。

以下是一些方法，主管可以用來指導他們的員工找到自己的聲音，並且公開、誠實地解決問題。

方法一：解決問題、探討價值、找到解決方案

在討論棘手的話題時，可以幫助溝通的方法就是簡潔地描述**問題**：「山姆，你因為業務訪談去了Landex。」這樣就夠了。你陳述你所知道的事實，而且你不會讓事情複雜化。當然，如果山姆覺得受到人身攻擊，他可能會開始有所防衛，因此，接下來是重要的一步，將討論的問題與你想要的團隊文化連結。因此，第二，你將談到被破壞的團隊**價值**。「因為Landex也是我所負責的範圍，我不禁感到這不符合我們『一起工作』的價值。」如果沒有「一起工作」的團隊價值，山姆的行為可以說是完全合理。第三步，你們一起集思廣益，動腦想出**解決方案**。「我們可以就此想出一個計畫，來改善這個客戶的問題嗎？」從**問題**、**價值**再到解決方案的這套流程有助於溝通，如果你直接跳到後面，然後就開始指出某個價值被破壞，例如「山姆，我想和你談談我們的團隊價值『一起工作。』」你這些意義不明的話中間有太多的可能性，山姆只能自己填補這些空白。他必須猜測你接下來會說什麼，而且可能會往負面的方向思考。如果你以事實為引導，山姆就不需要大腦去做預測，也不

會因此而引起焦慮了。或者，如果你在沒有討論清楚問題，以及問題對團隊價值造成什麼樣影響的狀況下，就嘗試解決問題，例如「山姆，Landex的案子我們該怎麼辦？」那你可能永遠不會了解到他的行為背後，真正的原因是什麼。

方法二：不要拖延

培養領導力的公司 Paravis Partners 執行合夥人艾米・人蘇（Amy Jen Su）說：「雖然推遲不去進行艱難的對話，或許可以暫時性地鬆一口氣，但是，事情會漸漸發酵、問題會惡化，然後專案會偏離方向或是失敗。」當主管以身作則、立即處理問題，並且用慎重、同理心與直接的態度處理問題，示範坦率溝通給團隊看時，整個團隊都會接收到主管所傳達的訊息：「這樣是正確的做事態度」。

此外，當領導者和迴避衝突的員工一起工作時，她可以刺激這些員工思考，立即處理衝突與拖延，哪一種方式更能夠增強自己的信心。這些員工在會議中是否需要人支持，或者陪他們事先演練該說的話？這些員工是否考慮到，推延不處理問題可能會危及哪些業務目標？

方法三：只看事實

領導者應該指導員工，在發生衝突的時候，要針對引起衝突的問題提供佐證。《*Quan- tum Leadership*》一書的作者提姆．波特．奧葛瑞迪（Tim Porter-O’Grady）博士與凱西．馬洛克（Kathy Malloch）博士寫道：「透過點出人名、關鍵的事件、描述情況與說明行為，領導者就可以釐清重點資訊。」解決衝突的其中一項目標，是確保所有具體的問題都清楚攤開在陽光下，以便所有相關人士都能清楚看到這些問題。神奇的是，當事實被充分呈現時，許多衝突很快就解決了。話雖如此，請讓你的員工使用正確且具備關聯性的資料來源來彙整事實。你還需要幫助他們了解，你希望他們如何研究這項議題，以便他們可以準備討論與辯論，這包括哪些來源你覺得是可靠的（例如內部報告與產業期刊）以及那些是不可靠的來源（例如維基百科與社群媒體）。

方法四：使用自己的話來表達

哈佛商學院的艾美．艾蒙森博士告訴我們，主管必須指導員工要勇於「用他們的話」來表達他們所看到的、所想的、所擔憂的以及需要幫助的地方。她說，「許多領導人都沒有意識到，大家在可以發聲的時刻保持沈默，這件事所造成的影響。令人驚訝的是，人際關係導致的焦慮會使大家在說話時陷入不知道該使用什麼詞彙的窘境。」這並不表示會議必須陷入無止盡的澄清和討論。具備心理安全感的會議，沒有必要很冗長。這意味著，主管必須表現出自己的脆弱，並承認自己並不知道所有問題的答案。否則，大家會這樣評估狀況：「如果我感覺到，你不認為自己像我們其他人一樣會犯錯，那我絕對不會做冒險的事情。」而且，她接著說明，這代表領導者必須問關鍵的問題。「大多數人都會回答一個真誠且直接的提問，如果你直接問我，我是怎麼想的，我如果不開口反而會很尷尬。」

方法五：先預設出發點是善意的

團隊領導者還可以教育員工，在團體中和其他人辯論或是面對棘手的問題時，很重要的是，要假設每個人都是帶著善意並希望為整個組織做正確的事情，他們只是從不同的角度看事情而已。簡單來說，**質疑某人所提出的事實或想法是沒問題的，但是不應該質疑他們的動機。**為了公平起見，我們會在第八章時寫到一位共和黨員的故事，但是我們要先分享一個和這個概念有關的很棒案例，這是民主黨的喬．拜登（Joe Biden）在二〇一八年時給約翰．馬侃（John McCain）的悼詞。拜登的悼詞以這些話開場：「我是民主黨員，而我愛約翰．馬侃……我一直把約翰當成自己的兄弟，（而且）我們有許多家人間的爭執。」拜登指出，在他和馬侃剛剛當上參議員那段時期，他們認為質疑反對黨的判斷是合理的，但是永遠不該質疑反對黨的意圖。而現在的規則是以黨派之爭為優先。「我們今天所做的只是攻擊雙方黨派的反對者，質疑他們的動機，而不是他們論點的實質內容。在約翰在參議院的最後一天，他仍然致力於恢復所謂的正常秩序，也就是再度像我們以前那樣對待彼此……（那時我們會看到）泰迪・甘迺迪（Teddy Kennedy）和詹姆斯・O・伊斯特蘭（James O. Eastland）在針對民權問題激烈爭執後，兩人一起去參議院的餐廳吃午餐。」

方法六：擬定計畫

在團隊成員開始著手面對挑戰之前，我們建議領導者要指導習慣迴避衝突的員工先做計畫，並且演練他們可能會說的話，以及再次提醒他們要聚焦在彙整的事實資訊上，例如，你可以幫助某位員工這樣表達自己：「因為你沒有按時完成你所負責的研究工作，我不得不連續一週熬夜，才趕上最後的期限。」在這裡清楚點出問題，以及完成的工作量這件事實，這為接下來關於價值和解決方案的對話奠定很好的基礎，而不是只提到問題本身。關於計畫的另一個重點，是即使在第一次對話時進展順利，還是要有後續追蹤的計畫。畢竟，參與者可能會有其他的想法，或是他們可能會在腦中回想談話的內容，然後改變他們的看法，或者他們可能會與其他人討論，然後在事後質疑結論。如果沒有後續的追蹤，一項我們大家原本同意是很好的解決方案，也可能會有負面的結果。

方法七：互相讓步

領導者必須幫助他們的員工了解，在任何辯論中，妥協都是無可避免的，而且最終的贏家必須是團隊，不會是個人。波特．奧葛瑞迪博士與馬洛克博士說，「衝突中的每一方都希望獲得某個東西，除非得到這個想要的東西，或是甘願放棄這個東西然後換得其他的東西，否則衝突不會結束。」這代表著每一方都必須清楚解釋他們想要什麼，而且在離開衝突的時候，每一方都必須獲得一些有價值的成果，這是其他方所付出且被接受的東西。這不表示每個人都可以平等或得到同樣的東西，或是每個人都可以獲得他們所想要的，但是結果必須是可以滿足相關人員的需求，而且這必須是對整體組織來說最好的結果。

方法八：準備好面對令人不安的狀況

當然，就算擬定了最好的計畫，任何艱難的對話都有可能惡化而導致分歧、傷害感情或是造成防備。主管可以幫助員工透過模擬幾種可能的情境，來為最壞的可能性做好準備，這樣一來無論發生什麼事情，員工都準備好了。Paravis Partners 的艾米．人蘇說，「在對話越來越窒礙難行的時候，請不要退卻，不要為了緩和情勢而改變你的說法，或是為了填補沈默而開始說太多話或費勁要完成對話。你要給對方足夠的時間來消化你所說的話。」因此，當另一方開始變得有防備或是情緒化，領導者應該指導習慣迴避衝突的人，去意識到緊張的情勢並先停下對話，而不是向對方提出異議。領導者還可以提供團隊成員一些在辯論時若是碰到棘手狀況時可以說的台詞。例如：「我知道了，謝謝。我了解你在說什麼。這有助於讓我清楚你的立場。」或是「就你的作法，你可以告訴我更多的背景資訊讓我能更了解嗎？」透過這種方式，人們可以真正以同理心為主而傾聽，不是為了贏過對方，而是為了有更深度的理解並且為團隊取得最佳成果。

結合這些方法

使用這些方法，主管就可以不用強迫團隊成員改變他們的本性，而仍幫助他們參與激發良性辯論的這個過程。這有一部分是為了幫助人們了解，意見不同不代表兩派處於對立的狀態，而辯論的過程不是為了證明誰對誰錯。辯論是良性工作文化的一部分，辯論是為了你覺得正確的事情挺身而出，同時也願意更深入了解他人的觀點與目的（這與他們在有線電視新聞上或是在激烈爭執的家庭聚會中看到的不和爭執不同，在這些情況中，沒有人想學習任何新的事物，只想強迫大家接受他們的觀點）。良性的辯論可以讓大家誠實面對問題，所以我們可以互相學習，並且找到未來可預見的最佳方案。

作家莉茲・懷斯曼對此提供了漂亮的結論。她學會如何進行精彩辯論的契機，不是在她擔任甲骨文公司的高階主管的時候，而是從一群小學三年級的學生身上。她在女兒的班上擔任志工，負責主持名為「少年名著辯論」的活動。「三年級的小朋友會讀一個故事，然後老師會要他們針對這個故事辯論。我原本以為這是一份簡單的工作，但是我還是被送去參加一天的培訓，去學我該做的事情。」

懷斯曼說，她學會了辯論的三個規則。規則一：提出問題是領導者的工作，但是領導者從不回答。規則二：求證。例如，「當其中一位小朋友說，傑克爬上豆莖是因為他很貪心，我會說，『你有證據嗎？你可以證明這件事嗎？』在一開始的幾次辯論中，孩子們都被嚇壞了。然後他們了解到，如果沒有任何依據，他們就無法發表意見。所以，他們會翻到第十八頁，指出傑克偷了母雞和金豎琴，這就是他們相信這一點的原因。」（我們希望每位主管在主持討論以及做決定前，都可以記著這些概念。）

規則三，要詢問每個人的意見。老師教懷斯曼把每位學生都列在一張表上，只要每次有一個孩子發言時，就在他的名字旁邊打勾。「我原本想：我可以記在腦子裡。但是我試過，發現有很大的不同。這張表讓我可以說，『羅伯特，我們已經聽你發言兩次，但是馬庫斯，我們還沒有聽過你發言。在繼續討論之前，我們希望先聽聽你的想法。』這讓每個人都可以參與。」

懷斯曼告訴我們，這些辯論的技巧立即幫助她成為一位更好的領導者。

掌握良性辯論

- 現今有許多人都是迴避衝突者，他們會逃避令人不安的狀況且不敢提供誠實的意見。
- 最棒的工作團隊具有高度的信任度與坦率度，成員在這裡可以透過辯論來解決問題。當員工可以自由發言，並知道自己的聲音會被聽見，他們就會更投入於工作中、心理的安全感會強化、自信心增加且強化自我負責的態度。
- 如何促進良性的辯論？領導者需要營造可以安全辯論的環境，包括制定基本規則、鼓勵所有的意見、緩和爭執的情勢、請成員提供事實依據來佐證他們的意見，以及，制定後續追蹤與讓專案往前進的清楚計畫與時間表。
- 如何發現團隊中是否有迴避衝突者？主管可能會發現團隊中有人總是不願意參與艱難的討論，在事態緊張時試圖改變話題或逃離現場。他們可能對於辯論感到不舒服，或是抗拒在會議中表達自己的感覺與想法。
- 以下方法，可以讓主管用於幫助這些員工勇於發聲，以及適應較激烈的討論，包括：

①針對問題、價值與解決方案。
②不要拖延討論。
③只討論事實。
④用自己的話來表達。
⑤假定每個人都是以善意為出發點。
⑥擬定計畫。
⑦互相讓步。
⑧做好面對激烈爭論的準備。

第七章
成為盟友：幫助邊緣化的成員感到被重視與被接納

在承認我們同胞的人性時，我們也是在向自己致上最高敬意。

——前美國最高法院大法官瑟古德．馬歇爾（Thurgood Marshall）

許多位居領導職位的人並不完全了解，偏見仍然普遍存在於我們的工作文化中，不幸的是，有些領導者根本不相信偏見存在，他們認為這不過是人們對於政治正確性過於敏感罷了。然而，在為本書進行訪談時，我們很明顯看到，在職場上的某些特定族群身上有著歷史性的焦慮模式，這些人常常會感覺自己是「局外人」。那些有著最高的「排他性」風險的族群是婦女、有色人種、泛LGBTQ+族群、少數宗教族群以及殘疾人士（請注意到這邊列出的是不完整的清單）。這些族群中的每一個族群在全世界都普遍受到壓迫，這也反映在職場上，對他們的生產力、投入團隊的程度與我們組織的成功，都造成潛移默化的影響。

作為領導者，了解如何成為所有人的夥伴，並且營造兼具多元性與包容性的對話空間，將是改變的開始。

我們寫這章的目的不是要討論這些群體的意見與他們的見解。我們將在這裡討論的，是關於歧視實際上可能會對在職場邊緣化的群體造成嚴重焦慮的影響，這些資訊將帶給你很大的啟發。我們也會特別討論到身處這些群體之中的某些人的想法，以幫助領導者盡可能地了解該如何幫助這些人在職場茁壯。

焦慮之前並非人人平等

心理健康問題與你的種族、性別或身分無關，任何人都可能經歷到焦慮帶來的挑戰。但是像是被健康、教育、社會和經濟資源排除在外所導致的社會經濟差異，往往反映在少數族群成員身上會是心理困擾的比率增加。根據哥倫比亞大學歐文醫學中心的湯瑪士．凡斯博士（Dr. Thomas Vance），和其他族群相比，非裔族群出現嚴重心理健康問題的可能性高了20％。然而，每年只有30％患有精神疾病的非裔成年人接受治療，而美國整體的平均治療率為43％。

根據凡斯博士指出，非裔族群心理問題的發生率增加，與缺乏適當的資料資源、生活環境中的偏見和種族歧視，以及經濟狀況不穩定、暴力與司法審判不平等都有關。

同樣令人驚訝的是女同性戀、男同性戀、雙性戀、跨性別者、酷兒或質疑性向者以及泛LGBTQ+傾向者所面臨的心理健康挑戰，這也是領導者必須納入考量的。直到二〇二〇年，美國最高法院才通過裁定一九六四年的《民權法案》（Civil Rights Act）保障男同性戀、女同性戀和跨性別就業免受歧視，提供給他們最基本的保障。對於任何人來說，這段等待法律保障的時間都太長了，更不用說這群人預估在成年工作人口中就佔了5％。

「LGBTQ群體所經歷的污名化偏見與歧視，構成了長期的壓力事件，對健康可能有負面的影響，」都柏林科技大學的凱西．凱樂赫（Cathy Kelleher）表示。她的研究發現，與偏見相關的壓力和男同性戀與女同性戀所承受的心理壓力有關。事實上，研究顯示有高達60％的LGBTQ+成員在他們人生的某個階段都遭遇到焦慮和憂鬱，這個比率是異性戀的二點五倍。擁有博士學位的諮詢心理學家布拉德．布倫納（Brad Brenner）說：「如果你是LGBTQ+的一員，我會打賭你很擅長於觀察情況，然後決定你可以做自己到什麼程度。這個技能的代價是，這個技能是從承受高度且持續的偏見和歧視而發展而成的。許多人開始認為自己有嚴重的缺陷、不討人喜歡、不值得且沒有希望。」

心理學家將這個處理的過程稱為「少數族裔壓力」（minority stress），而且研究顯示，這對心理健康和整個人的身心狀態有強大且持久的影響，且在那些承受焦慮的人身上會更嚴重。污名化是一個嚴重的問題。如果員工沒辦法談論他們在內心真實的樣貌，他們很可能每天都會感到更焦慮與不安。

專門分析品牌行銷的作者多莉．克拉克（Dorie Clark）也為《哈佛商業評論》撰寫了大量和LGBTQ+議題有關的文章，在我們訪談時，她說：「隱藏所造成的壓力會讓人的注意力極度分散，讓人只有較少的精力可以維持在工作上。任何念過國中的人都知道，當你過度聚焦於其他人對你的看法時，這就是導致焦慮的超級食譜。」

她繼續說明，主管可以協助消除這種擔憂，最基本可以做的就是制定反歧視的政策，但是除此之外，團隊領導人還可以為邊緣化的族群發聲、在團隊中發起包容性的對談，以及認真處理所有的投訴，即使是很小的問題也要不放過並立即進行調查。

「人類很擅長接收來自其他人的信號。如果你隱瞞了什麼，其他人通常都會知道，」克拉克補充，「他們也許不知道你隱瞞的事情是什麼，但是他們會知道你看起來很有防衛。說你是同性戀，或是說出你的任何身分認同，通常是最無害的解釋，因為人們可能會編造出一百萬件壞事：這個人很自負，或是他們認為自己比別人高人一等，或者，更糟的是，他們做錯了什麼而且不想讓我們知道。」

隱藏我們的真實身分認同不僅僅是LGBTQ+族群會碰到的問題。德勤大學領導力研究中心表示，有61%的員工說，他們用某種方式隱藏了自己的某部分身分。例如，一位在職媽媽為了展示出她對職涯的「認真」程度，可能不會提到她的小孩；或是一位穆斯林員工可能只能在辦公室隱蔽的角落祈禱，這樣才不會被別人看到；或是一位男同志可能不會在工作場所或是甚至社交媒體上放上伴侶的照片。

當主管營造出人們可以自在做自己的文化時，就可以釋放出顯著的工作績效，因為每個人都可以將他們的注意力全部放在工作上。不論團隊領導者是否屬於傳統上所認定的少數族群，他們都應該至少分享一個他們試圖掩蓋自己身分的故事，以示範脆弱性。

請注意，在身分認同上，沒有人希望他們被單一面向的身分所定義，例如「非裔男性」或是「同志成員」。這也表示，主管不應該要求個人代表他們的整個族群發言。LGBTQ+、穆斯林或是非裔族群都不是單一的一面巨石，畢竟，沒有人會想要問這樣的問題：「傑瑞，你是白人，白人會怎樣看這個產品？」當主管可以認識到每個人都有不同之處而我們所呈現出的這些部分僅是「我們是誰」的一小部分線索時，就可以有助於改善這一點。喔，而且在這個議題上，主管沒有任何權利去幫沒有準備好的人「出櫃」。

不看膚色和其他愚蠢的東西

星巴克的前執行長霍華・舒茲（Howard Schultz）在某次員工大會上說，在種族議題上，他不會以膚色取人。舒茲說，「作為一個在多元文化背景與公營住宅中長大的人，我還是小男孩的時候就不會去看人的膚色，老實說，我現在也不會。」

社運人士法蘭切絲卡・拉姆齊（Franchesca Ramsey）說，「說這些話的人的意思是呢，他們想讓你知道，他們**真的**不是種族主義者，他們甚至無法想像一個種族主義存在的現實。但是他們實際上所表達的意思，是**種族認同**是不好的，而並**非種族壓迫**是不好的。這是在影射人們的經歷沒有根據，或者，完全是不真實的。假如你戴著眼鏡，然後我卻說，「我甚至沒看到你的眼鏡。」這不代表你的視力突然變成2.0，這只代表我在否認，或者我自己需要戴眼鏡。」

否認問題存在的言論對多元性和為了包容所付出的努力造成傷害，《*Dirty Diversity*》一書的作者珍妮絲・加薩姆（Janice Gassam）博士表示。「任何可以看到東西的人，都可以察覺與辨別不同的膚色。如果你不相信你真的看到的東西，你要怎麼改善它？重點是，我們的目標並不是要變成種族色盲。我們的目標其實是要看到和承認膚色，但是同時控制你的內在衝動不要依照種種人格特質去做判斷。」

加薩姆當然是對的，我們都看得到膚色，我們也看得到身高和體重。我們會記得有人告訴我們，他們是LGBTQ+群體的一員，或是屬於某個少數宗教團體。我們必須承認，我們每個人對不同的群體都有先入為主的觀念和期望。假裝我們看不到差異，就代表我們缺乏同理心並且忽視特定的群體或是個人被疏遠的情況。我們不該害怕承認自己帶有隱性的刻板印象，我們應該把它挖掘出來，這樣我們就可以捨棄這些期待。

兩位在隱性偏見領域的主要學者，社會心理學家馬哈查林．班納吉（Mahzarin R. Banaji）與安東尼．葛林沃德（Anthony G. Greenwald）在巧妙命名的《好人怎麼會幹壞事？我們不願面對的隱性偏見》（*Blindspot: Hidden Biases of Good People*）一書中，探討了關於隱性偏見的事情。他們說，隱性偏見會影響人們，而且他們承認，這些態度讓他們感到恐懼。他們引用皮尤研究中心的一項研究，這項研究使用電腦做快速測試，研究人員發現，只有20%的亞裔美國成年受試者與30%白人成年人，表現出在白人與亞裔之間在潛意識上沒有任何種族上的偏好。在測量白人與非裔人種時，只有27%的白人成年人與26%的非裔成年人沒有隱性偏見。

研究人員在這套測驗的某一版中，將知名的亞裔美國人例如宗毓華（Connie Chung）、張德培（Michael Chang）、克莉絲蒂・山口（Kristi Yamaguchi）以及白人外國人例如休・葛蘭（Hugh Grant）、卡特琳娜・維特（Katarina Witt）與傑哈・迪巴狄厄（Gerard Depardieu）放到研究中，然後計時，讓受試者找到和這些人相符的美國標誌與外國標誌。他們發現，和宗毓華相比，人們更容易將休・葛蘭與美國的象徵符號連結在一起。班納吉說，「這顯示『美國人』這個類別在許多人的腦中都是緊密地連結到白人。」

隱性偏見來自於人類需要快速處理訊息，以便在瞬間就做出決定。我們的腦部不停地利用捷徑來尋找我們所獲得的每一組數據之間的連結。舉例來說，當我們在過馬路的時候，我們的視線中看到角落有一塊正在移動的模糊影子，我們的大腦很快就會將其與接近的汽車連結，然後我們就會跳開。救了自己一命。不幸的是，隱性偏見若是套用在人身上，就可能變成有害的刻板印象。舉個例子，女性常常會在我們的潛意識中被認為，在扮演那些傳統上由男性主導的角色時，能力會較差，像是電腦程式類的工作。一位女性面試者可能會注意到面試官的猶豫，而對自己失去信心，因而在面試中表現不好。

就算我們有著最善良的意圖，在我們沒有察覺到的時候，刻板印象和假設就輕易地潛入我們的腦中並影響我們的行為，即使我們已經下定決心要客觀公正，也是如此。隱性偏見太普遍了，以至於現在有20％的美國大型企業都會讓員工上隱性偏見的教育訓練課程，而有一半的美國公司表示，他們將在未來幾年內提供這樣的訓練。星巴克最近為了給員工做強制性的種族偏見教育訓練，而關閉了所有的門市。這是一個好的開始。當偏見沒有被處理時，它們就會影響職場的人際關係和信任、削弱多元人才被招募的機會並傷害為了包容性而做的努力，以及，影響升遷與職涯發展可能性。

LifeGuides的總裁兼執行長德瑞克・倫斯頓（Derek Lundsten）認為，與眾不同應該是一件好事。「你不用是有色人種、特定身分或是特定性別的人，你也會覺得自己像是局外人。我們領導者在一個組織中扮演的某部分角色，是要創造一個讚揚差異性的環境。團隊中會有著不同的方法、想法和背景，也是工作為什麼有趣且令人興奮的原因。」

在我們訪談來自邊緣化群體的受訪者時，他們提出一些希望主管在處理偏見時，應該要瞭解的事情：（1）不要為了表現出你對他們的問題感同身受，而試圖說服一位深處邊緣化群體的人接受所有你人生中出現的問題，像是你很窮、你的父母過世了、你有學習障礙等等，這不是在比賽。（2）不要為了表示公平，而說你的女兒是同志，或是你有很多非裔族群的朋友。（3）要有同理心，但是沒有必要對種族主義或是其他形式的偏見覺得「震驚」，如果你真的因此而感到震驚的話，那就代表這些事情沒有直接影響你，所以你一直主動忽視正在發生的這些事情。（4）不要宣揚你在這個議題上有多「清醒」，用實際行為表現（我們很快就會討論到該怎麼做）。

HubSpot 人資長凱蒂．伯客（Katie Burke）說，「『成為盟友』是一個動詞，這個動詞始於自我察覺與同理心。你必須抱持這樣的心態，你不斷在學習與成長，而且你持續改善你的立場以及你為他人發聲的方式。這是與邊緣化個體或群體基於信任、一致性與責任而建立關係的終生承諾。」

傑克遜顧問公司的高階主管教練與執行長泰瑞・傑克遜（Terry Jackson）博士補充，作為領導者，我們有責任讓那些需要支持的人不會感到孤單。「你的員工每天都在處理社交的問題，這些問題會影響你的組織內部的生產力和員工的向心力。如果你是擁有高情商的領導者，你應該有意識到那些事情在團體中對你那些弱勢員工造成了影響。如果你不面對這些問題、討論它們並試圖解決它們，你在歷史上最終會被歸在錯誤的那一邊，因為我們正處於每個人都願意投入對人類有益的事情的轉捩點上」。

要從根本上做到傑克遜所建議的，當有人開始說他們因為種族主義、性別歧視或是其他形式的歧視而受傷時，領導者首先必須相信他們。舉二〇二〇年「黑人的命也是命」（Black Lives Matter）抗議活動為例，這並不是憑空冒出來的活動。這個活動揭露了一股在美國長期以來被忽視的焦慮，也就是，美國是一個仍因不平等而分裂的國家。作為關心我們的員工的領導者，我們同時也關心他們的生活與情緒體驗，我們需要彼此相互支持。畢竟，在任何團體中變成「唯一」，可能是孤單且孤立的，特別是當沒有人為你說話，也沒有人相信你每天所面對的挑戰時。

「隨著越來越多的公司希望建立更多元化與更包容性的人力團隊，其中一股需要改變的力量，是誰可以在歸屬感的問題上表示意見，」HubSpot的凱蒂．伯客說。

那是誰呢？答案是領導者。

真正的領導力

哈佛商學院的羅莎貝絲．肯特（Rosabeth Moss Kanter）教授說，「在其他人保持沈默的時候，要大聲反對自滿的情緒與不公正會需要勇氣。但這就是領導力。」可悲的是，雖然我們希望少數的人可以為自己所遭受的不公不義發聲，但是，同事和主管通常都不會相信他們，更糟糕的是，他們會因此而變得有攻擊性。身為領導者，我們幾乎沒有花足夠的時間在思考，該如何解決每天發生在職場影響邊緣化成員的潛在的「微排擠」（microaggression）問題。

微排擠的定義是，這是一種偏見，這種偏見往往會以隱約的方式顯露，讓人們感到不舒服或是受到侮辱。它的範圍涵蓋令人覺得被冒犯的情境：例如一位非裔男性注意到獨自在電梯內的白人女性在他踏進電梯時退了一步，或是一位女性試圖在會議上發言，但是卻沒辦法在男同事間找到發言權……到奇奇怪怪的狀況；或者：某人對一位男同志說他一定很喜歡某個音樂家，或是，對著一位坐在輪椅上的人開玩笑說，「慢一點，極速賽車手！」我們有一位年輕的朋友向我們說明，她在當地的大學擔任助教時，她的教授會用以下這樣的評論來將她介紹給班上的學生：「我希望你們都可以享受上課，所以我找了一張漂亮的臉蛋。」她知道這些話不是為了傷害她而說的，但是這些評論大幅加劇了她的焦慮，讓她開始質疑自己的能力。事實上，她是一位合格的研究人員與講師，但是這位教授的評論卻首先把她定位成拋媚眼的對象。想像一下相反的情況，如果這位教授在介紹她的課程時用熱烈的態度讚美她在研究和教育上的成就，我們的這位女性朋友會多麼投入於工作中。

這種讓人感到千刀萬剮的行為經常被忽視，而那些接收到這些訊息的人會被說是「過度敏感」。研究顯示，微排擠會對接收者的心理健康會帶來真正的心理傷害，可能會導致憤怒和憂鬱，並且降低工作效率和解決問題的能力。馬凱特大學的一項研究提供了強力的證據，顯示出微排擠不只會導致憂鬱和創傷的程度提高，還會讓受影響者產生自殺的念頭。

以下方法是由一些邊緣化群體之中的有力倡議者，與他們的盟友所提供，希望在任何團隊中，那些感到被排擠在外的人都可以感到被重視與被接納。

方法一：聽取他們的意見

「如果有人具備無懼的特質，且勇於和你分享他們的特殊經驗與觀點，請尊重這些分享，並放大它們的影響力。在你的團隊會議中、在你的營業模式中以及在你的品牌裡面，為其創造出空間，」HubSpot的凱蒂．伯客說。這代表，你必須聽取這些經驗。

在二〇二〇年「黑人的命也是命」抗議運動開始後，康明斯（Cummins）引擎和發電機業務北美分部的執行董事兼人力主管伊芙琳．沃特（Evelyn Walter）開始試著聽取這些意見。作為《財富》雜誌世界五百大企業（Fortune 500 company），擁有六萬名員工的康明斯有著六項核心價值，其中之一就是多元化與包容性。因此，當示威遊行開始時，沃特告訴我們，公司支持她去做送給她的每一位非裔員工手寫卡片這件事。

「我被獲准使用他們的住址，我寫了很多話，表達我很想支持他們，」她說。「我詢問，是否能為他們和他們的家人做些什麼。某個星期五，我和我的丈夫與女兒一起坐在車裡時，我收到一封電子郵件，來自一位名叫梅賽德斯的女士。她非常的正向，她每天都從生命給的檸檬中，做出檸檬特調。訊息的主要內容，是對於我對她和她家人的特別關心表達感謝。她說：『我見過你的領導風範，我知道你是真誠的。』這很友善，但是也令人擔憂，因為她顯然認識其他不真誠的人。」

沃特繼續說，在週六早上寫下幾十張卡片的這件事鼓勵了她進一步建立連結。「我想找更多需要關心的人，我的拉丁員工呢？我的同性戀團隊成員呢？這就是這次事件在我身上創造的成果。」

HubSpot 的凱蒂．伯客針對此概念補充說明，她曾在她的公司擔任 LGBTQ+ 專案的發起人，但是她對於被認定為跨性別者的經歷，以及她該如何提供他們支持，都了解不多。她花了許多時間研究這項議題，以及好幾個小時傾聽她敬佩的跨性別同事說話。在這樣的過程中，她了解了他們希望在稱呼時被使用什麼樣的代名詞稱呼、轉換性別的過程，以及她自己如何成為一位提供更多支持的同事、朋友與領導者。

承認你不知道所有問題的答案，並且願意正視你的不足，主動面對你的盲點，這對任何希望成為別人盟友的人來說，都是必要的事情。是的，我們大多數人在這個過程中都會犯一、兩個錯誤，我們都是人，但是透過傾聽和教育，我們將開始了解，該如何更好地幫助我們所接觸到的每個人。

方法二：為他們背書

《*Better Allies*》一書的作者、Adobe的前技術副總裁凱倫．凱特琳（Karen Catlin），講述了她早期的一段職涯經歷，那時她工作的軟體公司剛被大公司收購。「在收購後的幾個月，我注意到了一件事。我的新主管狄格比．霍納（Digby

Horner）在這家大公司工作多年，他在會議上會用這樣的句型表達：『我從凱倫那裡學到的是……』狄格比的作法幫助我在新同事間建立了信任度。他的行動就像他是我的盟友，利用他的位置特權支持我。他大聲表達立場的行為帶來改變，而且這確實讓我對自己也很有信心。」我們從這個故事中看到雙重的意義，首先，「Digby Horner」可以說是有史以來最酷的名字（這個名字可以依照字面意思解釋成，「由吹響號角的人所發掘」）。其次，更重要的是，當盟友在扮演支持的角色時，無論在任何情況下，他們都會大聲支持來自少數群體的同事的工作成果，特別是在那些有助於提升他們地位的情境中更是如此。這不該是刻意迎合，而必須是用真誠的態度提拔那些有專業表現的人。

領導者的目標，是支持並且提攜那些經常被邊緣化的族群。例如，艾德里安已經連著好幾年受邀在「女性餐飲服務論壇」針對企業文化發表主題演講，這項活動是由一群以提升餐飲服務產業中的女性領導力為己任的產業組織所發起。每年有三千位參與者前來聆聽像是布芮尼．布朗（Brené Brown，著有《脆弱的力量》）和馬雅．安傑洛（Maya Angelou，著名作家與詩人）等傑出人物發表演說。參加這項活動的參與者也給了艾德里安很大的啟發。他發現，參與者中有大約10％是男性高階領導者，他們來這裡學習並且支持在他們組織中的女性可以獲得更大的成就。這些男人並不是仁慈的慈善家，他們是明智的領導者，他們刻意投資在這項議題上，並且希望在他們羽翼之下的這些員工，可以為組織帶來更偉大的成就。

方法三：用實際行動展現支持

德州農工大學專攻組織心理學的教授艾薩克．薩巴特（Isaac Sabat）說，好的盟友不會躲在陰影中。反之，他們會透過實際行動來表達他們的支持，這也可以是一些像參加活動、在Slack上給予評論意見或是在小隔板上貼上標示姓名的貼紙等看似微小的事情。他說，「研究顯示，在不當行為發生的時候，盟友若是可以立即出面，對不當行為的遏止會更有效。這可能是回應某人漠不關心的發言，或是請大家注意到周遭有人未能表達意見。」如果是一位有色人種，舉例來說，指出了微排擠的情況，其他團隊成員可能會認為他們是為了自私的目的而抱怨，他繼續說明，如果是一位盟友因類似事情而發起抗議時，其他人通常會將其行為視為客觀的。

「如果你可以展示出你作為盟友的身分，大家就會看到你願意伸出援手，他們會知道，如果事情出了差錯，你會陪他們一起面對。」然而，薩巴特指出，僅僅幫忙出頭一次是不夠的，盟友的關係對領導者來說會是橫跨整個職涯的旅程。「對批評與反饋記得要持開放的態度，」他繼續說道。「如果某人指出你（對某個情況的反應）有問題或是說了些不適當的言論，請用開放的心胸讓自己學習與成長。」

方法四：帶頭倡議

YouTube 執行長蘇珊・沃西基（Susan Wojcicki）表示，只有那些有權力跟影響力的人，可以放大他們的特權來解決不平等的問題。例如，她說，「在每個組織裡面，都有許多人有權力提升女性員工在職場的地位，這包括從高階領導者到新任經理都是如此。」其中一位為沃西基發聲的人正是比爾・坎貝爾（Bill Campbell），他是幫助許多科技名人進入狀況的高階主管教練。「我得知有一場僅限邀請的論壇，集結了科技與媒體產業的大多數頂尖領導者，但是我的名字卻不在邀請名單上，」她說。「許多受邀的出席者都是我的同業（其他科技公司的執行長），這代表在他們談定交易、制定計劃的時候，YouTube 將會缺席。我開始質疑自己是否屬於那個場合，但是我沒有放棄，我請比爾協助，我知道他具有很大的影響力。他立即意識到在活動中應該要有我的位置，然後在一天內，他就發揮了他的影響力，而我收到了我的邀請函。」

當盟友承擔起倡議者的角色時，他們會利用他們的影響力將未受重視的少數群體帶入新的圈子中。他們也會期望其他的領導人也承擔起責任，讓有能力的同事都能受到重視，不論這些同事的性別、種族與文化認同、能力、年紀、身形、身高、宗教與性向。他們也會積極指導那些來自弱勢群體的同事，並將這些同事引介給他們的人脈。這代表，他們不是只在幕後指揮，他們還會公開為他們所指導的員工發聲。他們在找到具高度潛力的多元人才、讓他們擔任具挑戰性的角色，並且幫助他們克服障礙之中，獲得極大的滿足感。他們發現這種指導的行為不只對後輩有益，對領導者自己以及整個組織都有幫助。

成為盟友

- 在職場的特定族群上可以看到沿襲歷史而來的焦慮模式，這些族群常常會感覺自己像是「局外人」。而特別值得關注的是婦女、有色人種、泛 LGBTQ 光譜族群、少數宗教的成員與殘疾人士。
- 許多這些族群的成員必須在職場隱藏自己的真實身分，但是，當主管可以營造一種讓人可以自在做自己的工作文化時，每個人都將不用再隱藏而可以將所有力氣釋放出來，轉而聚焦在工作上，整個團隊的工作表現將會有大幅的提升。
- 有許多領導者都沒有意識到，在我們的工作文化中有著許多的隱性偏見。微排擠（microaggression）指的正是那些細小的歧視行為，會讓人感到不悅或覺得受到侮辱。微排擠可能會對接收者的心理健康造成傷害，並降低他們的工作效率與解決問題的能力。

以下方法可以幫助邊緣化的人，讓他們在任何團隊中都能更受重視與被接納，包括：

①聽取他們的意見。
②為他們背書。
③用行動展現支持。
④帶頭提倡。

第八章
將排外轉化成連結：協助團隊成員建立社交連結

最大的善意就是接納。

——小說家克莉絲汀娜・貝克・克蘭（Christina Baker Kline）

康乃爾大學做了一些有趣的研究，研究人員發現，如果消防員會整個團隊一起用餐的話，該消防站的表現會比較好，這也包括拯救更多生命。「和一起看Excel表單相比，一起吃飯親密多了，而且這種親密感會蔓延到工作中，」該研究的主要作者凱文・克尼芬博士（Dr. Kevin Kniffin）說。事實上，研究人員指出，在那些每個人都單獨用餐的消防站，當被問及原因時，消防員常常會表現出尷尬的態度。「這基本上就是一個訊號，顯示出團隊的工作方式有更深層的問題。」克尼芬博士說。

對消防員來說，一起吃飯是一項很重要的象徵，代表每一個人都被接納。我們不是在建議每個團隊每天中午都要跑到Chili's美式餐廳去聚餐。但是以我們和全球的企業組織合作二十年的經驗，我們可以證實，找到讓每個人都可以有參與感的方法，對提高團隊績效有很大的幫助。反之，被排除在外則會導致對工作的不滿與較高的員工流失率。

我們可能在生活中的某個時刻都曾經被排除在外，這會喚起我們小時候在學校操場上不愉快的回憶。雖然有許多文獻都將職場霸凌對員工的心理健康與團隊凝聚力所造成的影響，視為是一項嚴重的議題，但是研究顯示，被排擠對焦慮的狀況同樣有害，但是卻沒有受到該有的關注。錯失恐懼（FOMO）與在工作中被排擠會讓一個人的生活蒙上陰影，不列顛哥倫比亞大學的桑德拉．羅賓遜教授表示。這是因為身為人類的我們，具有強烈的歸屬需求。羅賓森教授的研究顯示，有71%的專業人士表示，自己曾經經歷過在某種程度上被團體排斥，這還是在冠狀病毒大流行而讓這麼多人隔離之前。她補充說，在職場被排斥會對人造成長遠的心理影響。

排擠可以影響任何人，並成為導致焦慮的重要因素。作為領導者，要邁向包容性思維的第一步是要了解，當團隊成員迴避或是冷落其他同事時會讓這些人覺得他們沒有被同事完全接納或是被同事尊重。

這些通常是暗中作梗的行為與不重要的小事：不回電話、不邀請某些人參加會議與永遠不會請某些人吃午餐。像這類排擠的行為不僅會影響士氣，還會影響個人的生產力和團隊達到目標的能力。

沒有發生的事情與那些發生了的事情

在某些情況下，排擠並不是刻意的，而且一些無意間的行為也很難發現。這些是疏忽導致的罪過，是**未能**幫助同事、**沒有**投入對話，與**未能**分享友情的結果。主管該如何看到這些**沒有**發生的事情？

事實上，有許多事情是團隊領導者可以做的，這些事情將有助於營造團隊的包容性，例如，仔細觀察團隊中是否有任何人被排擠在外（當部分或是全部團隊成員都遠端工作時，這一點尤為重要）。誰在小組討論時發言經常被打斷，誰經常和誰聊天，以及是否有人看起來都沒有跟任何同事互動。透過觀察，主管就可以更了解團隊內部的狀況。但是定期和員工一對一面談可能會是了解真實情況的最好方法：詢問大家和其他人的互動狀況，以及他們是否有和哪些特定個性的人，在相處上特別覺得有挑戰性。

在FYidoctors，醫生和團隊負責人會在他們的驗光診所、實驗室和在家辦公的部門實行他們所謂的「10-10承諾」。「每天上班的前十分鐘，領導者會四處走動、問他們的團隊成員過得如何，除了友善地說早安以外，不會提到其他工作的議題，只會單純地表達對員工的歡迎，」總經理達西．維爾洪說。「領導人有責任這樣做，讓大家看到他有在領導以及展現對團隊的關心。這是在一天開始的十分鐘，以及一天工作結束時的最後十分鐘，確認一下每個人的一天過得如何。簡單的關心其中所蘊含的力量，讓我感到驚訝。」

維爾洪繼續說，「這些例行的關心不是為了讓團隊可以聽到領導者的故事，而是為了讓領導者可以聽到他們團隊成員的故事，並產生連結。對於這項領導者展現領導力的承諾，我們收到了許多正向的回饋，並且發現它可以降低焦慮。」

但是，即使主管接納被排擠的人，主管仍然需要特定的方法來幫助他們的員工走出孤立的感覺，轉為和他人連結與被接納。我們並不是要建議主管一定要找大家一起去唱卡拉ＯＫ，或是開始每週五舉辦每個人各帶一道菜餚的聚會活動，但是可以立即帶來幫助的一些概念包括：

- 在會議時確保所有團隊成員都有所貢獻，讓大家用冷靜且有組織的方式表達意見。
- 將新進員工和經驗比較豐富且有可能建立交情的員工配成搭擋（也就是說，是友善且經驗豐富的員工）
- 在每次會議中都花些時間表揚每個人的貢獻，以及團隊整體的貢獻。
- 盡力讓遠端工作的員工感到完全被接納，例如，即使有些人是在辦公室工作，時不時還是要要求每個人都透過電子產品參加會議。以及，定期安排遠端工作的人員來辦公室。

以下是我們訪談且合作過的領導者使用的一些方法，透過強化包容性與鞏固團隊中的連結，將可以帶來更好的工作成效。

方法一：營造革命情感

Simplus的執行長萊恩．偉斯特伍德告訴我們，他在疫情大流行期間某次和遠端員工的一對一電話會議中，受到很大的影響。「她留著淚對我說，『我已經有三個月沒有擁抱過任何人了。』她的兩個成年兒子都住在不同的州，我的心都碎了。在人們遠距工作時，我們必須比以往都更注意我們的同事以及他們的狀況。」

因此，他的公司開始為其六百位員工劃分地理區域。在至少有十位員工的區域，員工有預算可以去從事公益活動、去打保齡球或是做任何你想做的事情。偉斯特伍德繼續說，「我們不會有領導者在這些聚會探查，這讓人們以他們想要的方式真正建立連結。我們發現這一小筆預算，讓我們員工的幸福感以及員工淨推薦值（employee net promoter scores）都有很大的提升。」

我們另外一個客戶的狀況是，在組織重組的時候編制了一組新團隊。這個團隊的成員由以前沒有一起工作過的人所組成，他們有著不同的背景和工作經驗。他們的工作是為公司的幾個部門提供支援服務，這代表他們大部分時間都不在辦公室。

團隊的負責人知道，這樣的環境會成為排斥與焦慮感受的溫床，所以她發起了一些簡單的活動來凝聚團隊精神並且營造包容感。

她每週四早上必定會做的第一件事情，就是將團隊成員召集到辦公室，看看大家的工作進度如何，分析大家的工作量並平衡工作任務的分配，然後大家集思廣益，思考有哪些可以互相幫助的地方（在疫情大流行期間轉移到電話會議上進行）。她將會議時間控制在一小時內，並且確保會議時沒有人在發言時比其他人強勢，但同時也不允許任何人安靜不表示意見。為了尊重那些擔心公開發言的人，同時，她也不希望有人覺得自己被推上台，她會在前一天花幾分鐘的時間規劃議程，並讓每一位團隊成員知道她需要他們提供哪些進度資訊，而她將會在會議中要求他們和小組分享。這不僅讓她那些比較內向的員工因為有時間準備，而對於在會議中分享感到自在，整個會議的進行也更流暢。

在會議中，她會使用循環制的形式，讓每個人都有機會輪流分享他們的想法。她的會議可能不會有一些動腦會議會有的那些混亂與刺激，但是，她焦慮的員工都感覺到被包容，也感到在這種平靜環境中發言有種安全感，這讓團隊之間湧現大量的創意。

在這些會議中，他們也開始輪流頒發獎盃的儀式。對她的團來說，獎盃以主管在善意企業（Goodwill）的店面所買的保齡球獎盃做為象徵。一位團隊成員會將這個獎盃授予另一位成員，表彰該同事在這週挽起袖子幫忙的貢獻。獲獎人會持有獎盃一週的時間，並挑選下一位獲得獎盃的人。效果是：這讓每個人在來參加週四的會議前，都會先自問，自己是否幫助團隊成員夠多，他們也會想到，所有其他人為了給予他們幫助所做的努力。

這位領導者還制定了幫助強化團隊包容性的規則。例如，所以團隊成員間的電子郵件都必須在二十四小時內回覆（週一到週五），團隊成員不該在討論的時候打斷別人發言，而且團隊都承諾不會將會議安排在禮拜五（這樣他們就有時間完成工作，或是可以利用這天休假）。最後，因為知道她的很多新團隊成員，對於自己在這些新規範的框架下的工作表現可能會覺得有壓力，她會在一天結束的時候，花時間寄給她的團隊成員明確的回饋，讓她的團隊成員了解，她知道他們工作的狀況，並且重視他們的貢獻。

我們訪談的其中一位她所帶領的團隊成員告訴我們，他在短短幾週內就覺得自己與新的團隊成員有共同的情感。他還說，在他之前的團隊中，他幾乎是完全專注於自己的表現，但是他現在每天都會思考，該如何為團隊的整體成功做出貢獻。這位主管特別規劃的包容政策，讓每個人都感到自己因身為團隊的一員而受到重視。

方法二：找到共同的價值觀

有些我們被找去一起合作的團隊，碰到的挑戰是要整合團隊中多位個性強勢的人，我們發現，在這樣的狀況下，要從排斥走到連結的這段路會很複雜，而這必須以找到共同的價值觀為基礎。

在米特．羅姆尼（Mitt Romney）剛從貝恩資本退休後不久，我們曾經訪問過他，這是在他當選麻薩諸塞州州長與參選總統之前的事情。我們對他最感興趣的事情，是他參與創辦了這家投資公司的成就，而這家公司目前管理著超過一千億美元的投資。他承認，在公司草創時的某個時期，貝恩資本的幾位合夥人都因為所謂的

「難以解決的衝突」而彼此大眼瞪小眼。做為挽救公司的最後一搏，有六位創辦人同意參與一項為期一週的計畫，據說這項計畫成功幫助了其他的團隊。「這值得一試。」羅姆尼回憶道。

在這項計畫一開始的某項活動中，團隊運作問題的嚴重性就非常明顯。每位成員被要求公開且誠實說出，假設他可以改變其他人的話，他會希望其他每個人改變的事情。「目標」不能回答或為自己辯護。這項活動原本預定花一個小時的時間，但是他們不只花了整個晚上的時間在發牢騷，還延續到第二天的早上，寫下「創造性批評的新紀錄。」羅姆尼說。雖然參與了這項諮詢計畫，但直到接近計畫的尾聲，團隊都還是質疑他們是否適合一起工作。然後，最後一小時的一項練習活動改變了一切。

在這項活動中，教練告訴大家，如果某些人的生活和他們的核心價值觀相抵觸，這些人就會變得不快樂、不健康，也會比較不成功。這在心理學上稱為認知失調（cognitive dissonance），這發生在當人們因為矛盾的信念而感到壓力，或是他們所做的事情違背他們的價值觀的時候。一個人的生活方式和他的個人價值觀之間的內部衝突會造成壓力，而這些壓力的後果是很可怕的。教練進一步說明，如果團隊中的個體所信奉的核心價值觀差異很大，那麼這個群體就很難包容彼此、一起工作。

「我以為我找到我們團隊像是一盤散沙的原因：我們的價值觀相去甚遠，」羅姆尼說。「有一位合夥人說，他的人生目標是要登上富比世的全球富豪榜，另一位合夥人想要名聲和地位來彌補生命早期所受的委屈，然後另一位合夥人主要關心的重點是他的家庭生活。我們的教練說，我們的實際的核心價值觀可能沒有那麼大的不同。反之，可能是我們工作的目的與我們說服自己過的生活方式，與我們自己的核心價值觀相衝突。」

教練要求大家列出他們最尊敬的五個人，無論是否還在世都可以。然後在每個人的名字旁邊寫下他們與對方最有關聯的三項特徵。羅姆尼列出他尊敬的五個人，並選擇可以描述他們的詞句，它們是：「服務」、「愛他人」、「正直」、「信念」、「同情心」、「遠見」、「性格的優勢」。

最後，教練要求大家挑出最常出現在他們清單上的三個字。羅姆尼的字是「愛」、「服務」跟「信念」。

「我好奇什麼字會出現在我的合夥人的清單上，」羅姆尼說。結果讓他很驚訝。「我們最後篩選出來的，幾乎是相同的價值觀。我們每個人都挑了愛跟服務。在最敬佩的人的清單上，我們每個人都列了亞伯拉罕・林肯（Abraham Lincoln）結果我們並沒有那麼大的差異。」他總結道。

他跟合作夥伴意識到，他們必須將團隊的使命，調整成跟成員的核心價值觀一致，然後一起努力聚焦在這些理想上。「我不能說我們公司的營運模式突然變成以愛跟服務為主的企業，」羅姆尼說。「但我可以說，我們公司改變了，而且我們也改變了。在接下來的十年，我們用相對效益高的方式一起工作，對此，我會歸功於我們在那天重新認識了自己。」

方法三：建立連結與友誼

我們常常在能力強大且領著高薪的運動團隊上看到，不需要每個人都喜歡和他們一起工作的同事，也可以取得成功。但是，既然我們花在工作上的時間比花在其他地方都多，當我們相處融洽時，肯定可以讓事情變得更順暢。

然而，我們也必須體諒，不是每個人在社交的環境中都可以感到自在，尤其是有焦慮症狀的人。傳統那些凝聚團隊的活動，都是由外向者所設計給外向者參加的活動。即使是開放空間辦公室的概念，在發起前也絕對沒有和任何內向者討論過。然而，我們發現領導者有許多可以著力的地方，可以不用那麼極端的方式，但仍能鼓勵安靜和害羞的人參與一些社交活動。

舉例來說，讓員工以兩人或是多人的小組編制去完成工作任務，取代每個人獨立完成每項工作，就算是遠距工作的狀態下這套做法也是可行的。鼓勵團隊在工作之餘聚在一起參與慈善活動、參與一些需要投入的活動或是參加研討會，這是另外一種鼓勵包容性的好方法，這比在餐廳的桌子面對面看著對方更不會引起焦慮，因為大家可以把注意力放在活動上。

德瑞克．倫斯坦和史蒂芬．文森是網路社群 LifeGuides 的負責人，這個社群網絡就為人們提供了像是這樣的同儕連結。同儕可以幫助彼此面對生活中的挑戰，包括從職場的焦慮、COVID-19 到社會不公義。像是 Salesforce.com 與 The Motley Fool 等公司就為員工提供該平台的服務。文森說，「在生活中，我們所接收的訊息量超載且有各種訊息來源，而且世界也很兩極分化。我在家人身上就碰到這個問題。當你們談到 COVID-19、經濟狀況等話題，突然間對話就變得政治化與兩極分化，然後你會得不到你想要的支持。治療師與其他的專業人士可能可以幫你，但是他們是透過醫學的角度在看問題。當你和有共同遭遇的人建立連結，他們將可以理解你、同理你並且給予你指引。然後你就建立了可以提供你幫助的人際關係。」

耶魯大學的艾瑪．賽普拉（Emma Seppälä）與瑪麗莎．金（Marissa King）指出，「那些擁有『職場上最好的朋友』的人，不只可能更快樂、更健康，他們投入於工作的可能性也高了七倍。更重要的是，表示自己在職場有朋友的人和沒有朋友的人相比，前者有較高的工作效率、員工留存率與工作滿意度。」但是當然，辦公室的友誼可能是雙面刃。

請注意：團隊人員的人際關係通常與我們這些主管的權責無關，也就是說，在團隊表現受到影響之前，這些事情都與我們無關。比較極端的例子，是因為辦公室派系而造成派系鬥爭，而**倖存者**組成了派系陣線與團體，這可能會對某些人造成排擠。此外，當專業和個人的界線變得模糊時，反而有可能破壞感情並傷害團隊表現。然而，擔心糾纏不清的可能性，並不能作為主管逃避讓員工彼此建立連結的藉口。員工也不是就一定要一起出去喝酒，或是分享例如身上刺青之類的私密資訊，不，良性的關係是建立在脆弱性、真實性與同理心之上，而這些都可以發生在工作時間內，在健康的界線範圍內。例如，制定避免辦公室八卦的規則，而且每個人都應該被接納且平等地對待。賽普拉與金說，主管也應該在與團隊成員的互動中，以身作則示範這些行為。

那麼，主管是否該試著當他們所管理的員工的朋友呢？雖然主管可以是溫暖且關心人的，但是主管不應該和他們的員工太親密。我們可以以舉《辦公室風雲》（*The Office*）中的麥可・史考特（Michael Scott）作為反例，他太擔心要當他的員工的知心好友，以至於他無法要求任何人對工作負責。「我希望他們懼怕我還是愛我？很簡單，兩者都要。我希望他們因為自己太愛我而懼怕我。」他說。

雖然娛樂效果十足，但任何人都不應該試圖在職場，甚至任何地方，模仿史考特的行徑。我們曾經指導過一位高潛力主管。部門總監承認，他將這位員工升到管理職是因為他除了能夠勝任財務職務之外，他和每個人都相處融洽。「他是你最想一起去參加派對的那個人，」總監說。但是，當這位「辦公室的活力先生」變成「老闆」，他就變成「硬漢先生」。曾經存在的友情變得脆弱。甚至沒有人願意和他隨性聊天。每次他一說話，都只會說關於截止日期與工作分配量的事情，而他不斷皺著眉頭的樣子就像是在告訴他的團隊成員，他們不夠盡其所能。我們花了許多心力指導他，也做了一些非常直白的「360度評量」（360-degree feedback），才讓他領悟到，他的管理方式太極端了，且讓團隊成員的焦慮感大幅加劇。

另一個案例是，我們被邀請去協助一位來自公司外部的領導者，她將擔任高階職位，管理某個需要指示的團隊。她告訴我們，她是不喜歡衝突的人。「我希望我的員工不用我手把手指導，就可以做好他們的工作，」她在我們的第一次會議上這樣說。在和他的團隊做「360度評量」時，我們聽到了一些抱怨，她的員工不知道對她來說他們的角色是什麼。她的一切表達都很含蓄。「成為更好的教練」與「變得更有自信」，是我們在接下來幾個月裡幫助她精進的兩項領導技能。

高階主管教練彼得・布雷格曼（Peter Bregman）在他的兩個客戶身上也碰到類似

的經歷。其中一人被視為執行長的明確繼任者，但是他有一個問題。「他幾個直屬下屬是他的好友，而他不像要求其他下屬那樣，要求這些好友對工作負起責任，」布雷格曼說。「他們沒有按照他的指示去做，也沒有達到預期的成果。這傷害了他的生意和聲譽。」

布雷格曼說，這個團隊的其他成員很清楚看到這個問題，他們也承認這樣不公平的狀況影響了他們自己的工作動力。另一方面，領導者卻矇著雙眼，沒看到這個問題。

布雷格曼的另一位客戶是一家快速成長、價值十億美元企業的執行長，「他很熱情、合群且真誠，」教練說。「他過去的教訓中學習到，作為老闆和大家交朋友是很複雜的一件事。」

他曾經邀請工作上的朋友來他家吃晚餐，並且將他們介紹給家人認識。「但是後來我為了公司而不得不做一些困難的決定，這包括解僱我的其中一位朋友，這變得非常折磨。我為此在該做的決定上變得猶豫不決。所以，不，我不想在工作中交朋友。」

布雷格曼說，第二個案例的領導者並不是因為是他是個**壞人**而迴避和員工建立友誼；他避免和員工建立友誼，是因為他是個**好人**。事實上，領導者在員工中有親近的朋友是很辛苦的一件事，他們可能會無法將友情和商業決策分開，或是，他們可能不得不做出一些破壞這些關係的艱難決策。

「在工作中有朋友會讓你更快樂且更投入，有大量的研究都支持這項觀點，」布雷格曼補充說明。「但是這些研究並沒有探討職場友情棘手的那一面，尤其是當你是老闆的時候。」

對於那些從個人貢獻者升職為主管，或是從主管升職為管理一群主管的人，他們可以用先發制人的積極態度來解決這項問題。

德州大學奧斯汀分校的阿特．馬克曼（Art Markman）教授說，「試著找你的一些（工作上的）朋友出去聚聚，然後和他們談談你的新職位所帶來的壓力和責任。讓他們了解你所承受的某些壓力。你可能會假設不用你多說，你的朋友就能夠了解你所承受的壓力，但是如果你們可以公開地聊聊，他們將更能同理你的狀況。」

方法四：經常性表達對員工的認可

要建立團隊的感情並避免團隊中發生排擠，主管還可以做哪些事情呢？我們在這裡引用歐普拉．溫芙蕾（Oprah Winfrey）某次在哈佛大學畢業典禮的演講：

我不得不說，我在二十五年來每天與人交談中學到的最重要一課，就是我們人的經驗都來自同一件事：我們希望被認同，我們希望被理解。在我的職業生涯中，已經做了超過三萬次以上的訪談。只要攝影機一關，每個人都會轉頭向我，然後他們必定會以他們自己的方式問我這個問題：「我表現得好嗎？」布希總統曾經問過我這個問題，歐巴馬總統也問我這個問題；英雄會問我這個問題，主婦也會問我這個問題；受害者會問我這個問題，犯罪者也會問我這個問題。甚至總是自帶氣場的碧昂絲都問過我這個問題，「我們」全部都想知道──「你有聽到我嗎？你有看到我嗎？我說的話對你有什麼意義嗎？」

歐普拉所說的，是一位領導者注意到並欣賞一個人的內在價值。這是感恩態度的一部分，我們將在第九章對此有更深入的討論。感恩的重點不僅在於感謝他人的成就，而是在於幫助大家看見自己做為同事和身為人的價值。而這件事也會為主管自己帶來回饋。在Glassdoor的一項調查中，有超過一半的員工都表示，從老闆那邊感受到更多的賞識會幫助他們在公司待得更久。

方法五：讓遠距工作的員工有歸屬感

我們對於和排擠對抗的過程，還有最後一項建議，請細心地讓完全遠距工作或是部分時間遠距工作的員工，也被包括在團隊的活動中。遠距工作本身就一定會引起焦慮，而COVID-19大流行造成的日益嚴重的影響之一，是有越來越多的組織都採用在家工作的概念。在新冠病毒爆發以前，我們的大多數客戶都是只有一小部分的員工不在辦公室工作，有些公司是讓員工可以每週遠距工作一天。然後新冠病毒來了，一夜之間，每個人都不得不學習異地工作。有些公司從中看到獨特的優勢，通勤時間消失了、會議時間變短且注意力更集中、可以從世界各地找人才，以及很多公司因此得以縮減實際設施的規模。有一間和我們共享辦公室空間的電信公司就是如此，公司領導人決定永久關閉辦公室，讓所有員工都在家工作。我們碰到這家公司的一些ＩＴ專業技術人員，他們表現得像是一年可以過兩次聖誕節一樣。**我再也不用應付那些打斷我工作的人了！**相較之下，一些原本活潑的客戶服務人員則表現得像是世界末日要來了，因為他們將沒辦法每天都和同事面對面一起上班。

從我們花二十年的時間幫助企業找到企業文化與重新定義企業文化的這些經驗，我們必須提醒一點：大多數企業在員工在同一棟大樓工作的時候，都認為他們的企業文化是理所當然的事情。但是在想到遠距工作的世界時，我們就像是正要進入蠻荒的美國西部一樣。幫助人們覺得自己是團體的一份子變成一件完全不同的事情，成員甚至可能分布在不同的時區。

為了在遠距工作的世界中建立企業文化並減少工作流程所造成的焦慮，主管必須做更多溝通而不能減少溝通，這樣才能幫助他們的員工，感受到自己是團體的一份子的同時，也不怕打破現狀。卡夫亨氏公司就是這樣做的。該公司的全球獎勵負責人雪莉・溫斯坦（Shirley Weinstein）分享，她的管理團隊參與一場現場直播的烹飪對決，參與者都在自家的廚房，在烹飪的時候使用包括菲力奶油、熱狗與蕃茄起司義大利麵醬等公司產品。這是時間半小時的烹飪表演，讓兩位高階主管在他們的家人面前進行對決，在他們各自的廚房下廚。「我們的全球宣傳負責人麥可・馬倫（Michael Mullen）是一位擅長炒熱氣氛的主持人，由我們烹飪團隊的一位成員負責判定參賽者的創意與公司產品的使用狀況，」她說。「試吃的人是他們的家人，這是讓他們的孩子、伴侶甚至他們的狗參與節目的好方法。」

她補充說，那些忙碌的遠距工作同事一開始認為，「我才沒有時間做這些活動」，但是他們參加後，開始贊同這項活動為他們的工作日帶來多樣性。這是一個反思、學習、大笑，以及認識一位領導者私底下的樣貌的時候。

正如卡夫亨氏所嘗試的，在遠距工作的世界中要營造公司文化，就代表必須清楚定義你們的使命和價值觀，並且表揚那些在和客戶或團隊成員互動的過程中，實現這些偉大理想的人。這也代表必須使用科技平台與社群媒體，讓員工有管道可以和其他人建立連結與瞭解彼此，讓同事間可以像是以前在飲水機前或是把頭伸過其他人的辦公桌隔板聊天一樣地互動。

管理遠距工作團隊的主管還應該要分散領導力，讓團隊成員有更多自我負責的機會與增加他們的參與度，主管可以要求團隊中某些人針對他們熱衷的主題承擔主導會議的責任，或是就他們的專業領域為其他人提供培訓。主管還可以為這樣的活動組合增加一些有趣的地方，像是鼓勵居家辦公環境裝飾比賽或是視訊背景競賽。就算是小事情，也會有助於建立連結。例如，如果領導者可以為辦公室的員工送午餐，他們同時也可以為那些遠距工作的人送午餐。這會是一個很好的巧思。

波士頓學院的貝絲・許諾夫（Beth Schinoff），與亞歷桑那州立大學的布雷克・艾許佛斯（Blake Ashforth）和凱文・柯里（Kevin Corley）表示，遠距工作對於我們與同事間的關係有兩個影響。第一，員工與同事住得近的可能性將降低。「這代表我們可能沒有機會親自且在非正式的狀態下分享經驗……也不太可能有以公司為基礎的共同經驗。」第二，員工將越來越仰賴科技技術與同事交流，取代面對面的互動。透過訊息、即時通訊軟體甚至電話會議等媒介溝通，可能會使了解某個人是誰更加地困難。「我們無法像面對面溝通那樣評估對方的肢體語言與其他非語言線索，」這幾位作者說。「當我們透過科技技術工作，我們很可能只會在需要的時候才與我們的虛擬同事交流。」

鑑於我們在虛擬世界和同事的連結，有著這些根本上的差異，遠距工作的同事該如何和其他人建立友情？畢竟這對於提升參與度和忠誠度來說是必要的，更不用說驅使人達到更好的工作成果。許諾夫與她的同事們提倡要制定工作的節奏。

「當他們了解某位同事是誰，而且可以預期他們會如何互動時，他們就可以有節奏地跟同事相處，」他們寫道。「當我們在虛擬世界工作時，節奏尤其重要，因為它可以幫助我們預測何時需要與我們的虛擬同事互動以及這些互動將會如何進行。這些事情在面對面溝通時都比較容易。當我們與同事沒有共同的工作節奏時，我們可能會發現很難與他們聯繫上，或是在和他們互動的時候會感到沮喪。」

當他們的員工都在遠距工作時，領導者與主管該怎麼營造這樣的工作節奏？這包括要設計員工可以互相認識的舞台。但是，與其要求團隊成員自我介紹導致他們的焦慮，用迂迴的方法可以產生更好的結果。舉例來說，一位主管讓員工和團隊成員分享他們在過去一週最喜歡聽的音樂；另一位主管則要求她的員工分享他們願望清單上的願望。大家的焦點更多會是放在馬文・蓋（Marvin Gaye）的《What's Going On》有多好聽，或是去馬丘比丘（Machu Picchu）旅遊為什麼是很酷的一件事，而不是把焦點放在人身上。這些側面資訊提供許多深度的資訊，讓我們可以了解某位員工的個性。另一個簡單的方法是，在團隊電話會議之前，提早十分鐘開啟網路會議室，然後讓會議室維持開放十分鐘，讓團隊成員如果想要的話可以隨意聊天。

建立社交關係

- 人會因為被排斥而加劇焦慮的程度。因為人對於歸屬感有強烈的需求，錯失恐懼（FOMO）可能會對人的心理健康造成傷害。在專業的人士之中，有約71％的人表示，自己曾經在團隊中經歷某種程度的被排斥。
- 領導者有許多方法可以觀察到團體中是否有被排斥在外的人。當團隊的部分或全部成員遠距工作時，這點尤為重要。誰在小組討論中常常話說到一半就被打斷？有誰似乎都沒和其他人互動？了解實際狀況的最佳方法，是定期與團隊成員一對一的面談。

- 領導者應該讓所有團隊成員在會議中都有所貢獻，讓他們可以用冷靜且有組織的方式表達他們的意見，將新進員工與友善的資深員工搭配為夥伴，並且在每次會議中都表揚團隊成員的貢獻，這些方法將有助於營造歸屬感。
- 其他可以幫助團隊從排斥變得包容的方法包括：

①營造革命情誼。

②找到共同的價值觀。

③建立關係與友誼。

④經常表達對員工的認可。

⑤讓遠距員工有歸屬感。

第九章
將疑慮轉化成信任：如何用感恩之情幫助團隊成員建立信心

挖掘一個人最好一面的方法，是欣賞和鼓勵。

——查爾斯・斯瓦布（Charles Schwab）

焦慮最糟糕的影響，其中一部分是讓那些有能力的人感到不安全感並且開始質疑他們的內在優勢。在我們的訪談中，發現有許多有焦慮問題的高效表現員工，都表示他們經常懷疑自己與自己的能力。然而，在我們訓練高階主管的這幾年經歷中，所看到的一項普遍問題是，領導者不會對工作表現出色的員工表達感謝，就算有的話，也都沒有做到最少該有的頻率或效果。事實上，許多領導者都將大部分時間花在解決績效問題，而往往將注意力放在表現低於平均水準的一、兩位團隊成員身上。他們通常錯誤地認為，那些在自己工作權責上表現良好的人，不需要太多的關注，然而那些表現最好的人，可能是最需要從主管的感恩中獲得鼓勵的人。

在過去二十年訪談了數千名員工後，我們可以證實，許多人對於他們在工作上的表現都感到很大程度的焦慮。他們想知道，他們的主管如何看待他們的工作品質。事實上，那些有著高績效表現的員工，常常會將自己缺乏主管關心這件事，視為事情有問題的跡象。就算是最優秀的員工，沈默也會不知不覺引起他們的憂慮。

當我們建議主管應該更常給予正面的回饋時，他們可能會回覆我們一長串的顧慮。他們說，如果可以這樣做的話當然好，但是他們沒有更多的時間可以花在表達對員工的賞識上，或者，他們的員工只對獎金有興趣。其他主管則是不想讓他們的員工變得太嬌生慣養，而在危機時期，主管的時間又更需要花在處理許多其他的需求上。有一些領導者則抱持著同樣的觀點，認為一直稱讚他們的員工只因為員工做好本分內的工作，會被認為是降低身分或是虛假，他們問，「我是誰？給予表揚的機器嗎？」

嗯，首先，我說的並不是要不停的讚美，而是**在正確的時間用正確的方式表達你的感激之情**。主管需要有動力去實現目標的員工，而激勵人最簡單且最有效的方法之一，就是定期表達感激之情。我們的研究明確顯示，提供這類正向的強化可以顯著提升團隊的表現。一部分的根據如下：

Willis Towers Watson 風險管理顧問公司為我們所做的研究顯示，當員工的投入程度處於全國的最低四分位數時，客戶的滿意程度和位於最高的四分位數區間相比，低了20%。那些在工作投入程度表現最高的人之中，有高達94%的人同意，他們的主管在他們有超越自我的表現時，會給予他們有力的認可。這顯示了，感恩和員工的投入程度、員工的投入程度與客戶滿意度之間，有著緊密的關係。當我們在選項中加入士氣時，結果就更令人吃驚了。有大約56%表示自己工作士氣低落的員工，給予主管在感恩方面的分數是不及格的。而只有2%工作士氣低落的人表示，他們的主管很擅於表達對他們工作成果的讚賞。

感恩對焦慮的影響

至今兩千多年前，西賽羅（Cicero）曾稱，「感恩不僅是最重要的美德，它還是其他美德之母」。不幸的是，感恩在商業的研究領域很少受到關注。經常性表達感恩之情可以產生深遠的影響。在一個充滿不確定性的世界，當主管經常對出色的工作表現表達感激，且明確讓員工知道他們的工作成果對團隊的助益，就可以顯著降低員工的焦慮程度。這些舉動就像是定期存入「向心力銀行」（Bank of Engagement）的存款一樣。這些存款會成為儲備金，當某位員工的工作確實需要改正時，就會發揮作用。對於主管信任他們的能力這件事有著強烈信心的員工，更虛心於接受批評，且他們知道這些指導是針對特定的工作任務或是工作的某方面表現，而不是在譴責他們的整體工作能力。

另一項優點，根據北卡羅來納大學教堂山分校副教授莎拉・阿爾戈（Sara Algoe）博士，當領導者經常對團隊成員的出色工作表達感謝，或是領導者自己獲得別人的感謝，都能讓領導者自己更能夠從逆境中以更強韌的韌性恢復。她的研究發現感恩和員工的效率與生產力間存在實質性的關聯。「感恩是形成與維持我們生活中最重要的關係的基礎，這些是我們和每天互動的人所建立的關係，」她說。她的研究也顯示，在工作時會表達感恩且獲得別人感謝的員工，更有可能自願承擔工作、挺身而出完成艱鉅的任務，並且在團隊中可以有更好的團隊合作表現。此外，她的研究顯示，經常對員工表達感謝的領導者，團隊成員在同情心、體貼、同理心甚至是愛的評分上都會給予更高的分數。

我們在這裡談的不是沒有意義的隨性讚美，例如「大家做得很棒」。我們想提醒領導者，如果你能對你的寵物狗說這句話，那這就不是感激。不，我們在談的是因為另一個人的貢獻，而真誠且具體地對對方表達感謝。當任何人接收這樣的感謝時，大腦中的神經遞質就會釋放多巴胺跟血清素，它們是造成好心情的原因。刻意地練習表達感恩，我們將可以強化這些神經通路，並讓團隊成員都走上這道通往和諧的生理高速公路。

《*Gratitude and Pasta*》一書作者克里斯．謝布拉（Chris Schembra）在紐約市舉辦了數百場以感恩為目的的晚宴，企業可以在這樣的感恩晚宴中，和他們的客戶或員工有更好的互動。在「7:47 Club」所主持的每一場晚宴上（這也是用餐開始的時間），克里斯會問他的客人同一個問題：「如果你可以對某一位你未能表達足夠認可與感謝的人，表達你對他的認可與感激之情，那會是誰？」

謝布拉告訴我們，「來我們這裡用晚餐的人，通常都感覺孤獨、沒有滿足感、不被支持與沒有安全感。他們聽著別人分享他們過去的故事，這些故事是關於他們的母親、父親、小狗、小學三年級老師與前女友。他們會意識到，他們並不像自己想的那麼孤單。每個人都會覺得自己和母親有所連結，無論她是拋棄了他們還是養育了他們，或者是帶他們去參加足球訓練的祖父。分享我們的故事可以減輕我們的焦慮。」

「7:47 Club」的研究主管瑪德琳・哈斯蘭（Madeline Haslam）指出，領導者作為表達感恩的榜樣具備重要的作用。一九六一年時，阿爾波特・班杜拉（Albert Bandura）在史丹佛大學進行了後來廣為人知的波波玩偶實驗（Bobo doll experiment）。這位教授拍攝了成年人對波波玩偶的攻擊行為。波波玩偶是一個充氣的小丑，在被推或被打了之後會自己彈回來。

一組實驗組的孩童之後觀看了這支影片，並且被安排和玩偶在同一個房間裡，其他孩童則沒有觀看影片。「看到成人攻擊玩偶影片的孩童，對玩偶的身體所展現的攻擊性行為，比控制組要多很多，」哈斯蘭說。「這種觀察性的學習不僅發生在兒童身上，如果你觀察到一位領導者在你面前對他人表達感激之情，這會教會你去做。這會激勵員工進步並學習這個榜樣。」

感恩如何幫助我們處理壓力

對主管來說，還有另一個好消息：感恩可以幫助人發展出更善於處理壓力的能力。佛羅里達大西洋大學心理生理學家羅林．麥克拉提（Rollin McCraty）教授領導一組科學家所做的研究，顯示給予或接受感激的人，皮脂醇會明顯減少，皮脂醇正是壓力賀爾蒙。他們在面對情緒挫折與負面經歷時也更有韌性。

麥克拉提的研究成果代表人類只要透過認識並欣賞他們生活中向前邁出的每一小步，就可以重新設定大腦，用更多的意識和更廣闊的察覺來面對艱難的環境。這一點尤其重要，因為焦慮會讓有才華的人覺得自己名不符實，他們的外部認可和他們內在的感受會互相衝突。這就是所謂的「冒名頂替症候群」（imposter syndrome），等著世界發現我們並非我們所號稱的模樣。在名人身上，這個症況比我們可想見的更普遍。

搖滾歌手布魯斯・斯普林斯汀（Bruce Springsteen）在自傳《*Born to Run*》中描述他這輩子都在和自我懷疑對抗，他感覺自己就像是「徹底的假貨」。喜劇演員史蒂夫・馬丁（Steve Martin）在他的自傳《*Born Standing Up*》中詳細描述他長達二十年都在和焦慮症發作與全面性的恐慌症對抗。以各種瘋狂的服裝和令人讚嘆的現場表演聞名的 Lady Gaga 是自信的象徵，但是她也公開分享了她的焦慮。她在 HBO 的一檔特別節目中說，「我有時候還是覺得自己像是失敗的高中生，每天早上我都必須振作起來，告訴自己，我是超級巨星。這樣我才能度過這一天，然後為了我的粉絲，成為他們需要我成為的那個人。」

如果沒有支持和應對的機制，就算是有才能的人，最終也會因為壓力和焦慮而身心俱疲。加州大學洛杉磯分校的神經科學家艾力克斯・科布博士（Dr. Alex Korb）

解釋說，一個反覆擔心負面結果的人，會讓他的大腦只能夠聚焦在負面的事情上。他認為，我們的思緒沒辦法同時專注於正面與負面的訊息上。他說，透過在團隊中有意識地練習感恩，我們可以幫助我們的大腦訓練，變得更有選擇性地去注意正面的情緒和想法。這可以減少我們的焦慮和憂慮。

因為碰到挑戰時我們需要做出行動反應，所以人們往往會更注意生活中的挑戰。而在工作時，我們的工作不就是要克服挑戰嗎？我們給美好事物的注意力都很少，因為我們覺得不用花太多心力就可以讓它們留下來。然而，感恩可以幫助人們聚焦在正向的事情上、用樂觀的態度對抗負面的想法、接受不完美的現實，並讓其他人知道他們被關心著與被讚賞著。

領導者對抗焦慮最有效的其中一種方法，是在整個組織中營造感恩的態度，不只是從上對下，還要在同儕間營造感恩的心態。我們在某個週五拜訪一家醫院，並且有幸見證了一次特別會議。在這家醫院每週都會有一位員工收到他們所謂的「優雅從容」獎盃，獎盃是由一段消防水管裝在一塊木頭上所組成。在頒獎的時候會有熱烈的掌聲，由一位同事頒發給另一位同事，表揚員工在那週令人敬佩的工作表現。在我們旁觀的那次，一位護士提名了另一位代替她在週末輪班的同事。原訂八小時的輪班因為急診室人滿為患而變成十二個小時，但是這位同事仍能維持冷靜。在頒獎時，提名的護士不僅表達了她深切的感謝，還談到了可靠性和團隊合作等核心價值觀。

這個團隊的主管後來告訴我們，這項每週五的儀式不只為團隊添加了一點樂趣，並且讓每個人的行為都更進步，也強化了團隊的人際關係。頒獎的橋段很快（隨後是當之無愧的點心），但是它用強而有力的方式強調了團隊成員最看重的事情：在壓力下保持冷靜，並且互相幫助。

讓質疑轉化為信心

我們走訪了許多像這樣的工作場所並與世界各地的領導者對談，我們發現了其他一些實用的方法，可以透過感恩讓質疑轉化為放心。

方法一：明確、具體且真誠地表達感謝

在職場常聽到的普遍性評論，例如「做得很棒」，從來都沒有發揮過作用，尤其是在要讓焦慮的團隊成員放心的時候。員工聽到這些不具體的讚美時通常都會將它們忽略，尤其是那些可能缺少自信的人。反之，感恩的領導者會聚焦於員工在特定領域的工作成就或是工作方法。舉例來說，「那份報告準備的很好」就是很好的稱讚，當然是比什麼都不說要好。但是更好的是說一些具有這些意義的話：「我喜歡你的報告針對數據都有提供一段簡短的敘述。那段市場狀況的概述與我們在其中的定位，在我們和高層主管解釋這些分析結果時，會有很大幫助。做得好！」

安維斯租車集團（Avis Budget Group）的高級品牌策略總監卡洛斯・阿奎萊拉（Carlos Aguilera）是我們見過最擅長將感激之情融入公司價值觀的其中一位主管。我們剛認識他的時候，他是負責達拉斯沃斯堡國際機場（Dallas Fort Worth Airport）地區的總經理，他的團隊輪班前的會議，總是會用特別的感激作為開始，他會問：「好，昨天有誰看到誰將某件事情做得很棒？」

有一天，我們和阿奎萊拉在一起時，一位值班主管建議應該特別讚揚德拉娜。她注意到她的一位顧客帶著護膝，在顧客沒有主動詢問的情況下，她就打電話給後面的服務生，要求把客戶租的車開到前面，這樣這位顧客就不用走過整個停車場了。這個故事只花三十秒就講完了，但是我們注意到，輪班前大家聚在一起的能量開始發揮效果。最重要的是，德拉娜知道他的主管們有注意到這些事情，並且感激她注意到這些細節。

阿奎萊拉當場頒獎給她。「我們會把每一項成就都放在公布欄上，」阿奎萊拉事後告訴我，他的員工正是因為這樣的小事而充滿活力。他受到大家的信任、也和團隊溝通良好，他也花了很多的時間和高潛力員工相處。當我們研究阿奎萊拉的領導方式時，看到他在有兩萬六千名員工的公司中，員工的投入程度分數是最高的。而他所學到的這些領導方法都是可以複製的。

方法二：感謝的程度要符合實際表現

我們非常鼓勵主管要定期表揚員工的小成就。但是，當團隊成員完成一件大事時，領導者表達感恩的方式就需要和員工的成就規模相稱。當某項成果的獎勵和該成果所造成的影響不成比例時，就可能是弊大於利。

「在過去，有一個部門有一項活動，他們會贈送價值十美元的禮卷來表揚額外的付出，並且表達感謝。」里奇食品的創意流程與指導主管沙里・里夫（Shari Rife）說。這是一家身價四十億美元，總部位於紐約水牛城的一家公司。不論被表揚的行為是什麼，表揚的形式都是相同的。

「這是非常非正式的活動，沒有太多的標準，」她告訴我們。「這讓同事都覺得非常沮喪，因為某位清理供應櫃的人與主導大型專案的人，兩者得到認可的方式都是相同的。因為他們都得到了同一張禮品卡，其實這反而讓人氣餒。」

如果領導者可以讓獎勵與成就的規模相符，他們就可以幫助那些焦慮的人，讓焦慮的人對自己的工作有更正向的假設。對於進步一小步，口頭讚美或是一張感謝的紙條就是合適的，但是更大的成果就需要即時提供具體的獎勵。這些工作成就包括為組織帶來利益、挽救或是贏得大客戶、改善主要的工作流程，或是實質上讓組織變得更好。

方法三：不要把感恩和其他的事情混為一談

有一位我們訪談的員工說，「我的老闆說，會在我們的團隊面前表揚我，因為我服務滿一年了。公司一直有在做這樣的服務獎勵，這是好事情，所以我就說沒有問題。」但是當重要的日子來臨時，這位員工發現，他的表揚會接在另一位同事的表揚儀式之後，這是一位獲得二十年服務獎的女性。

「所有我們部門以外的人都出現了，現場就像是在朗讀頌辭一樣，」他說。「大家哭著告訴她，他們有多愛她。我只想找一個洞鑽進去。我還不認識所有的人。輪到我的時候，其他部門的人沒辦法直接起身離開，所以就留下來看我被頒發可憐的一年服務獎項。我們團隊的幾位成員對我說了一些好話，但是與我們剛剛目睹的充滿愛意的環節相比，這顯得很尷尬。」

他開了一個黑色玩笑說，這就像是奧斯卡在頒發最佳影片之後，接著頒發混音獎一樣。他補充說，「後來，當我的主管告訴我，將會慶祝我服務滿三週年時（這是他們頒發的下一項獎項），我告訴他，他們沒有我也可以慶祝。我絕對不可能去參加。」

重點是，在你表示感激之情時，不要將這件事情和其他事情混在一起，這會破壞感激的情境，另外，也不要輕視員工的成就。如果你談到了學到的經驗教訓（麗貝卡這一路上有很大的進步），或是，當你試著將某段經驗連結到其他人時（特雷，做得好。我真希望我有時間表揚團隊中的每個人），感激之情本來所帶來的正面影響將會因此而變弱。

最後的一項提醒是，要搞清楚認可和慶祝之間的區別。有些主管不願意彰顯個人，例如，他們不會在每次員工會議上表揚某一、兩位員工的傑出貢獻，而是會每個月帶整個團隊一起去吃一次午餐。這不是認可，這是慶祝。這可能會給高工作績效的人造成更多的焦慮，這些人往往很渴望看到自己的工作受到重視。在打造高績效表現的團隊時，個人的認可與團體的慶祝活動具有獨特但不同的作用。

方法四：也要對工作表現超標的員工表達感謝

當領導者在團隊中表達感激時，他們常常會發現到，不只獎勵重大的成就對團隊有幫助，定期表揚達成期望值的成果，也對團隊有很大的助益。我們相信我們在第一章介紹的克蘿伊，就需要這種強化，以示她的工作受到重視。然而，有些主管會將這種感恩的社會主義的實行變得極端，開始擔心每個人是否都受到公平對待、是否有人覺得自己受到傷害。

領導者需要讓團隊成員的獨特成就都定期受到認可，不過，雖然讓每個人都有機會大放異彩很重要，但是不要抑制那些工作表現超標的人綻放光芒也很重要。給予讚賞不只是為了強化缺乏自信心的人的自信，也是為了強化那些似乎充滿自信的人的工作成果，這些人總是不斷地在超越。主管在許多情況下，都不希望被認為是偏愛或是討好它們的「明星員工」。一位工程設計團隊的負責人告訴我們他跌了一跤後所學到的教訓。他說，珍妮佛是「至今我最有創意和工作效率最好的設計師。」問題是，他不想給珍妮佛太多的讚美，因為她的表現**總是**很好。「坦白說，傑夫就在珍妮佛旁邊工作，我不想讓他難過。」這位主管也知道，珍妮佛對她的能力很有信心，所以就認為她應該不需要那麼多的鼓勵。但是，結果是她跟大多數人一樣，希望她的工作真正受到讚揚。「一段時間過去後，我想珍妮佛感到自己不受重視，然後她不久前離開團隊加入我們的競爭對手。」當我們問傑夫是否還在時，經理悲傷地笑了笑。當然，傑夫哪裡也去不了。

最基本的：感恩可以緩解焦慮，感恩也可以作為所有團隊成員投入於工作時在空間內所需要的氧氣，特別是那些經常不被感激的高績效員工。

方法五：在事件的當下即時表達感謝

為了幫助員工平息焦慮的情緒，主管應該要在員工達到某項成就後，盡快表達感謝。當團隊成員達到一些超出預期的成果，卻幾天或幾週都沒有看到主管有任何表示時，他們可能會開始擔心。晚一點才被讚賞也是有一些效果，但是老實說，當主管拖延這件事時，有99%的機率都會忘了這件事。如果領導者想要強化員工正確的行為，就應該讓感激之情的表示緊接著某項成果，也就是在他們看到好的行為表現發生後不久的時間。

感恩的表達也必須是經常性的。那些感到高度焦慮的員工通常都需要穩定且持續地被安撫，讓他們知道自己的工作會為團隊帶來價值，而在團隊艱難的時期，這種需求會增加。我們的研究發現，在成功的團隊中，高度投入的員工會因為他們的具體工作成果至少每週一次定期受到表揚。

「在那些最具創新價值的公司，感激的表現明顯高於低創新性的公司。」哈佛的羅莎貝絲・肯特（Rosabeth Moss Kanter）教授說。而我們很高興在我們的研究中看到，較高頻率的感恩表示不僅出現在我們所研究的創新性的職場，也出現在卓越的客戶服務、出色的營運、同情心與自我負責的文化中。在最棒的職場文化中，隊友會互相支持，他們也會花更多時間在互相感謝。這些看似溫暖的軟技能創造了明確的團隊精神，以及對正確的行為團隊同心的一致性。

即時性的強化將讓大家成長進化成更成熟的狀態。為了要知道自己是走在正確的道路上，員工需要主管經常性且特定性的感恩表示。

用感恩建立信心

- 最簡單且最有效激勵員工達成目標的方法，是經常性地表達對員工的感激之情。研究顯示，給員工正向的強化可以顯著提升團隊的工作表現，並大幅降低團隊成員的焦慮感。
- 但是大部分的領導者，在員工完成工作時，都疏於表達對員工的感謝，總是表達不夠頻繁，亦或是表達方式不夠有效。
- 主管往往會忽略高績效表現的員工也需要感謝，他們可能會因為經常缺乏主管關注而誤認為自己表現不佳。即使是最優秀的員工，也會因為主管的沈默而開始憂慮。

- 定期表達對員工的感激之情，就像是在「向心力銀行」存入存款。這些存款會成為儲備金，當員工的工作需要改正時就會發揮作用。感激的表現還可以幫助人們強化應對壓力的能力。
- 將「疑慮」轉化成「信任」的其他具體方法包括：

①明確、具體且真誠地表達感謝。

②感謝的程度要符合實際表現。

③不要把感恩和其他的事情混為一談。

④對於工作表現總是超標的員工，也要記得表達感謝。

⑤在事件發生的當下就即時表達感謝。

結語

分號：回首過去、展望未來

有些時刻會是你整個人生的轉淚點……當你意識到接下來一切將會完全不同，而且時間被分割成兩部分：在此之前，與在此之後。

——由丹佐華盛頓（Denzel Washington）於電影《暫時停止接觸》（Fallen）飾演約翰．霍布斯（John Hobbes）

打造健康工作文化的第一步是要先有所察覺，承認你的團隊都在水面下瘋狂的划水。第二階段是減輕問題，始於當我們開始盡力讓團隊成員的焦慮降到最低，給予支持、幫助他們面對自己的情緒，讓他們有更強韌的心理素質，面對未來的挑戰。有時候，需要的不過就是最簡單的「接納」。

以瑪德琳．帕克（Madalyn Parker）的故事為例，當我們聽到她的故事時，她在密西根州的軟體公司Olark工作。帕克是一位有才華的軟體開發師，她解釋說她有慢性焦慮症、憂鬱和創傷後壓力症候群。她時不時就需要花一些時間專注於處理自己的身心狀況。

失眠了幾晚後，帕克寄給團隊一封電子郵件，信中說她將離開辦公室幾天專心面對她的心理健康狀況。第二天，當她打開信箱時，發現收到一大堆支持她的信。其中有一封格外引人注目的信是來自公司的執行長班．康格爾頓（Ben Congleton）。「我不敢相信這竟然不是所有公司的標準程序，」他的部分信件內容說。「你是我們所有人的榜樣……幫助打破污名，讓我們都可以用完整的身心投入工作。」

帕克說：「我非常感動，這讓我落淚。我很驚訝自己因為我的脆弱而受到稱讚。」

像康格爾頓這樣強大又有愛心的領導者對團隊有很大的幫助，他不僅對那些正在承受問題的人有幫助，還曾對團隊中的每個人都產生巨大的影響。越賴越多的領導者開始了解和心理健康相關的議題，也開始關心他們員工的身心健康。他們正在創造「快樂」和「健康」這類的目標，和銷售配額或客戶滿意度，具有同樣重要性的工作環境。

LifeGuides的總裁兼執行長德瑞克．倫斯坦（Derek Lundsten）告訴我們，「在員工將他們的問題留在門外的舊模式，與我們為這些對話保留時間和空間的新世界間，是時候架起一座橋樑了。」

我們還沒有到那裡。這將需要一種新的思維，甚至是一種新的標點符號方式。

密蘇里州的會計師海瑟．帕里（Heather Parrie）過去曾經是在Facebook上放滿自己成就的那種人。幾年前，她遇到了意象不到的事情。背負著期望的重擔且不停將自己與成功的朋友進行比較，讓她崩潰了。在自我懷疑、焦慮和憂鬱的影響下，她開始每天睡超到二十個小時。她取消了和朋友的約、曠職，變成更喜歡把自己裹在有安全感的毛毯裡面。她最終被解雇了，這讓狀況變得更嚴重。但是就算在她最黑暗的時刻，當她覺得自己永遠都無法下床時，帕里還是向朋友與家人隱瞞了發生在她心裡的對抗。

在獨自對抗了幾個月後，她開始尋求醫療與藥物的幫助，並且向她所愛的人敞開心房尋求幫助。她敘述了她將分號刺青在身上的原因。在文學術語中，當作者可以選擇結束一個句子，但是卻決定不結束這個句子時，就會使用分號。它可以用來停頓、喘口氣，但是後面總是會有另一句短句，這是一個可以獨立存在且不受前面部分支配的短句。對帕里以及更多人而言，這個標點符號代表繼續寫下她們的奮鬥故事、繼續她們與焦慮或任何其他心理健康問題的對抗的象徵。她談到自己每天都在努力克服她精心打扮的成功外表與內心所感到的失敗，這之間的衝突。

如今，從皮奧里亞到巴黎的刺青店，分號都是最受歡迎的刺青圖案之一。它象徵著「過去與未來」的概念。對於那些承受焦慮症重擔的人，以及那些管理由人類所組成的團隊的領導者，分號可能象徵我們所有人類進步的下一步。我們並非建議我們之中的任何人跑到離你家最近的刺青店、挽起袖子刺青，但是我們希望我們所有人都可以意識到，作為領導者，過去那些根深蒂固的行為對我們自己與周遭的人都造成負面的影響，這時，我們應該停下來喘口氣，想著走上一條不同的新道路。本書中分享的一些思維將可以幫助你，往新的道路前進。

在**過去**的世界，討論焦慮這類的話題是職場的禁忌，接納與包容那些不該用刻板觀念定義的人會花太多心力，偏見與批判在職場也都太常見了。但是在**未來**的職場，個人的特色會受到重視；不必要且有害的焦慮將會減少；那些辛苦對抗的人，也會被同理心所接納。

我們希望你們贊成，現在該是時候一起畫下「分號」了。

致謝

我們要感謝我們的經紀人 Jim Levine，他認同這個議題的重要性並且從以前至今一直支持我們。同樣地，我們也被哈潑出版集團商業分社（Harper Business）的編輯 Hollis Heimbouch 與 Rebecca Raskin 對工作的熱情所感動。

我們要感謝給予我們批判性回饋的讀者 Emily Loose，還要感謝 Christy Lawrence，她幫忙安排了許多的訪談並花無數小時整理訪談內容。感謝我們在 FindMojo.com 的團隊成員：Paul Yoachum、Lance Garvin、Brianna Bateman、Bryce Morgan、Tanner Smith、Asher Gunsay、Garrett Elton、Mark Durham 與 Jaren Durham.

我們要感謝我們的公關 Mark Fortier 與 Norbert Beatty，以及哈潑的 Brian Perrin 與他的行銷團隊。我們要感謝所有讓我們在本書中引用的人，你們的智慧讓這本書的內容更豐富。

最後，我們要對於家人的支持表達謝意：感謝 Jennifer 以她的熱情和豐富的見解幫助這項計畫前進。還要謝謝 Heidi、Cassi 與 Braeden，以及 Carter、Luisa、Lucas、Chester 與 Clara Iris，以及 Brinden，以及 Garrett 與 Maile.

高寶書版集團
gobooks.com.tw

RI 354
工作焦慮：這個世代的上班族七成心裡都有病，解決壓力與倦怠的8個方法
Anxiety at Work：8 Strategies to Help Teams Build Resilience, Handle Uncertainty, and Get Stuff Done

作　　者　艾德里安．高斯蒂克 Adrian Gostick、切斯特．艾爾頓 Chester Elton
譯　　者　曾琳之
責任編輯　吳珮旻
封面設計　林政嘉
內文編排　賴姵均
企　　劃　何嘉雯
版　　權　蕭以旻

發 行 人　朱凱蕾
出　　版　英屬維京群島商高寶國際有限公司台灣分公司
　　　　　Global Group Holdings, Ltd.
地　　址　台北市內湖區洲子街88號3樓
網　　址　gobooks.com.tw
電　　話　（02）27992788
電　　郵　readers@gobooks.com.tw（讀者服務部）
傳　　真　出版部（02）27990909　行銷部（02）27993088
郵政劃撥　19394552
戶　　名　英屬維京群島商高寶國際有限公司台灣分公司
發　　行　英屬維京群島商高寶國際有限公司台灣分公司
初版日期　2022年3月

國家圖書館出版品預行編目（CIP）資料

工作焦慮：這個世代的上班族七成心裡都有病，解決壓力與倦怠的8個方法 / 艾德里安．高斯蒂克 (Adrian Gostick), 切斯特．艾爾頓 (Chester Elton) 著；曾琳之譯．-- 初版．-- 臺北市：英屬維京群島商高寶國際有限公司臺灣分公司，2022.03
面；　公分．--（致富館；RI 354）

譯自：Anxiety at work : 8 strategies to help teams build resilience, handle uncertainty, and get stuff done

ISBN 978-986-506-345-0（平裝）

1.CST: 職場成功法　2.CST: 企業領導　3.CST: 組織管理

494.35　　111000345

GOBOOKS
& SITAK
GROUP©